图解

全能户型改造王

室内空间布局改造

〔日〕堀野和人
日本建筑协会　策划
〔日〕小山幸子　著

木兰　译

U0325524

基于日常生活
考虑的住宅设计
及改造要点

华中科技大学出版社
http://www.hustp.com
中国·武汉

图书在版编目（CIP）数据

图解室内空间布局改造：全能户型改造王／（日）堀野和人，（日）小山幸子著；日本建筑协会
策划；木兰译. —武汉：华中科技大学出版社，2020.7
（悦生活）
ISBN 978-7-5680-6231-2

Ⅰ.①图… Ⅱ.①堀…②小…③日…④木… Ⅲ.①住宅－室内装饰设计－图解 Ⅳ.①TU241-64

中国版本图书馆CIP数据核字（2020）第098623号

ZUKAI MADORI NO SHOHOSEN produced by The Architectural Association of Japan,

written by Kazuto Horino and Sachiko Koyama

Copyright © Kazuto Horino, Sachiko Koyama, and The Architectural Association of Japan, 2019

All rights reserved.

Original Japanese edition published by Gakugei Shuppansha, Kyoto.

This Simplified Chinese language edition published by arrangement with

Gakugei Shuppansha, Kyoto in care of Tuttle-Mori Agency, Inc., Tokyo

本书中文版由日本株式会社学芸出版社授权华中科技大学出版社在中华人民共和国境内（但不含香
港、澳门、台湾地区）独家出版、发行。
湖北省版权局著作权合同登记 图字：17-2020-013号

图解室内空间布局改造：全能户型改造王
Tujie Shinei Kongjian Buju Gaizao: Quanneng Huxing Gaizao Wang

［日］堀野和人 ［日］小山幸子 著
日本建筑协会 策划
木兰 译

出版发行：华中科技大学出版社（中国·武汉）	电话：(027)81321913
武汉市东湖新技术开发区华工科技园	邮编：430223

策划编辑：贺 晴	美术编辑：杨 旸
责任编辑：贺 晴	责任监印：朱 玢

印　　刷：武汉精一佳印刷有限公司
开　　本：880 mm×1230 mm 1/32
印　　张：5.75
字　　数：147千字
版　　次：2020年7月 第1版 第1次印刷
定　　价：59.80元

投稿邮箱：heq@hustp.com
本书若有印装质量问题，请向出版社营销中心调换
全国免费服务热线：400-6679-118 竭诚为您服务
版权所有　侵权必究

前 言

临近周末，与家电量贩店、购物中心、超市等的传单一样多的，就是卖房传单。其中大部分是针对周末来参观样板房或土地的人的，因此既有房子展览现场的活动信息，也有房地产公司、建筑／装修公司的新房或服务销售信息，以及房地产经纪人的二手房销售和房屋租赁信息等，刊登内容种类繁多。

有很多人，他们即便对刊登在传单上的 100 ㎡（30.2 坪）的户型布局没有购买需求或打算，也会有各种感慨。例如，这个起居室太小了，儿童房有 7.3 ㎡（4.5 叠）[①]就够了，二楼不需要厕所等。

传单上刊登的土地信息，仅限于面积大小和地理位置，既不标明用途范围（建筑面积率、容积率），也不刊登邻接道路的宽度、土地的高差、周边环境的信息，甚至连预想好的家庭成员结构也没有写。

即使看了这样的布局，也无法找到符合自己要求的房子。没听取业主的意见而自由设计的空洞无物的样板房，为什么会是这样的布局呢？想必很多人会这样质疑吧！

针对这样的布局，本书将通过"布局女子"找出隐藏的问题点、再由"设计科长"开出处方的形式，介绍改造后的 39 个空间布局案例。不是全盘改变空间布局，而是竭力保持外形不变，只进行局部的改造。其内容不仅适合设计新住宅的设计师，还适合进行翻修设计的设计师或业主。此外，本书也可以作为 2018 年出版的《图解住宅尺寸与格局设计》的实践篇，能帮助读者更好地理解"住宅尺寸"。如果您可以将两本书一起看，我将感到不胜荣幸！

堀野和人

[①] 1 叠约为 1.62 ㎡，后文将省略换算。

登场人物

【布局女子】

尽管没有马上盖新房和搬家的打算，但是当看到夹在报纸里的宣传单或房地产公司店面前贴的空间布局图时，会不知不觉地发挥各种想象，"妄想"自己是"布局女子"。这样长时间积累下来，她们就掌握了让建筑师也自觉逊色的知识和创意，如今她们能准确地讲解空间布局，有时观点还很犀利。

● 雪子

临时工，加上身为个体户的老公和两个孩子，一家共四口人。现居住在 3LDK①的租赁公寓里，眼看着孩子们逐渐长大，正打算搬到独栋小楼里。

● 泽子

家庭主妇，加上身为上班族的老公和三个孩子，一家共五口人。结婚时买的二手房，其设备老化日益明显，正在考虑重新装修或重建。

【设计科长】

在建筑公司的设计部门工作了大约 30 年。经手的房子有数百栋，是空间布局设计的专家。既不是普通员工，也不是部长，而是对业务最为精通的"设计科长"，可以精准诊断让人烦恼的布局症状，并开出处方。

---

① 3LDK 是指三间卧室＋起居室＋餐厅＋厨房，L、D、K 分别为 living room（起居室）、dining room（餐厅）、kitchen（厨房）的缩写。

目 录

08 外观

* 本书内文采用了日本常用的符号——"◎""○""△""×"，其中，"◎"表示"优秀"，"○"表示"良好"，"△"表示"一般"，"×"表示"错误"。

01

玄关、门厅、楼梯

跨过鞋子的海洋才能进屋的玄关

 虽然是紧凑的小户型，但是如果每一种空间布局的玄关都很窄，感觉用起来就不方便。

上面写着"虽然是小户型，但是收纳空间充足。时尚的方形设计师住宅"。

 "收纳空间充足"呀！两个都有土间①，我很喜欢，但是横向太长，感觉用起来会不方便。

两个都没有入户鞋柜，即使有鞋柜，狭窄的玄关也会被鞋子淹没。

 而且，**布局图 A**，玄关前凹进去的部分宽度不够，这个宽度连伞都打不开，也合不拢。如果能去掉凹进去的部分，设计成屋檐就好了。

布局图 B的地板框边斜着设计，是想让玄关和门厅地方大一些，但是怎么反而感觉更窄了。

 问题还真不少呢！我朋友家里，不跨过堆满鞋子的玄关，是无法进屋的……我可不想那样啊！虽说是紧凑户型，但是我可不想住在收纳乱糟糟的房子里。

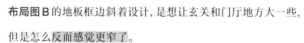

①土间：在日式传统住宅中是指素土地面的房间或者三合土地面的房间。在现代住宅中，土间已经成为单纯堆放杂物和鞋子的地方了。

布局图 A

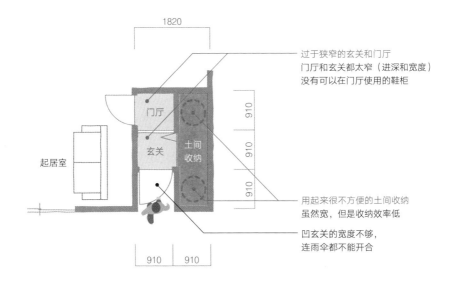

过于狭窄的玄关和门厅
门厅和玄关都太窄（进深和宽度）
没有可以在门厅使用的鞋柜

用起来很不方便的土间收纳
虽然宽，但是收纳效率低

凹玄关的宽度不够，
连雨伞都不能开合

布局图 B

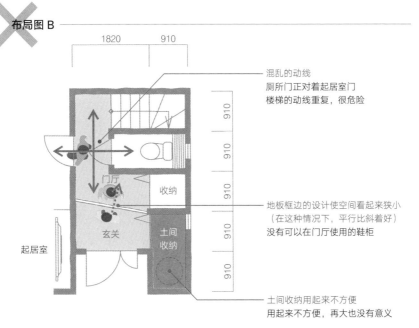

混乱的动线
厕所门正对着起居室门
楼梯的动线重复，很危险

地板框边的设计使空间看起来狭小
（在这种情况下，平行比斜着好）
没有可以在门厅使用的鞋柜

土间收纳用起来不方便
用起来不方便，再大也没有意义

与土间收纳相比，
鞋柜省空间，效率高

虽说是小户型，但也没必要将所需要的功能都集中在玄关。在**布局图 A** 中，宽敞的土间收纳是亮点，但是进深浅、横向长的收纳空间，很难拿取里面的东西。由于玄关和门厅没有设置鞋柜的空间，因此你可以想象玄关被鞋子淹没的样子。而且，玄关凹进去的部分只有入户门那么大，开合雨伞或者两手提着东西经过都很困难。不知这是为了外观好看，还是为了减少成本？总之这种设计是行不通的。在**布局图 B** 中，地板框边斜着设计，虽然旨在有效利用空间，但是框边原本应该朝着起居室方向斜着设计。这样反而显得更窄，用起来很不方便。虽然门厅有收纳空间很令人高兴，但是土间收纳效率低，还没有鞋柜，可以说是收纳量不足吧！而且，厕所门正对着起居室门，无论从美观角度还是安全角度考虑，都不推荐。

在**布局图 A 的处方**中，玄关所需的功能达到了平衡。土间收纳被大幅度削减，玄关也改成 L 形，打造出纵深感，门厅的正面宽度也拓宽了。同时设置鞋柜，凹形玄关也改造成不妨碍雨伞开合的宽度。**布局图 B 的处方**，从取消凹形玄关、增加地板面积开始着手。如此一来，土间收纳空间用起来更顺手，还可以设置鞋柜。斜着设置地板框边时，请朝着引导视线或动线的方向。起居室门和厕所门错开布置时，一定要计算好起居室电视和沙发的摆放位置。

为了不使玄关变成鞋子的汪洋大海，比起土间收纳，请优先考虑能高效使用的玄关，以及从玄关和门厅都可以使用的鞋柜。

布局图 A 的处方

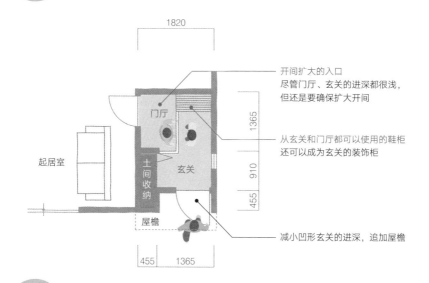

开间扩大的入口
尽管门厅、玄关的进深都很浅，
但还是要确保扩大开间

从玄关和门厅都可以使用的鞋柜
还可以成为玄关的装饰柜

减小凹形玄关的进深，追加屋檐

布局图 B 的处方

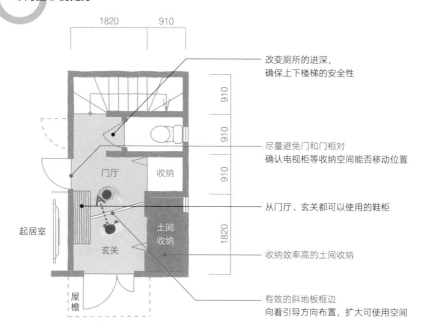

改变厕所的进深，
确保上下楼梯的安全性

尽量避免门和门相对
确认电视柜等收纳空间能否移动位置

从门厅、玄关都可以使用的鞋柜

收纳效率高的土间收纳

有效的斜地板框边
向着引导方向布置，扩大可使用空间

跌落或撞门风险高的楼梯

 妈妈，据说楼梯是家中最危险的地方。

 是吗？我一直以为是浴室和厨房这些有水或者有火的地方。有什么样的危险呢？

 因绊到而**摔倒或跌下楼梯**。而且据说**人与人相撞、人与门相撞**的事故也特别多呢！

 的确，早上上学的时候，大家都很着急，这样就很危险。对于我和小孩子来说，光是上下楼梯都很困难啊！

 我也是明知道危险，有时还抱着孩子或者要洗的衣服，在看不见前面的情况下上楼梯。

 布局图 A 怎么样？厕所门打开时对着楼梯口。

 下楼梯时或者用力开门时就危险了。上下楼梯要格外小心才行啊！

 怎样才能尽量减少楼梯事故或危险呢？有没有安全性高的楼梯形状呢？

布局图 A

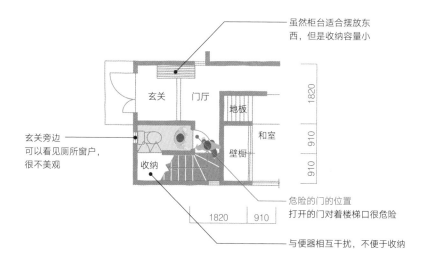

虽然柜台适合摆放东西，但是收纳容量小

玄关

门厅

地板

和室

壁橱

收纳

玄关旁边可以看见厕所窗户，很不美观

1820　910

1820　910　910

危险的门的位置
打开的门对着楼梯口很危险

与便器相互干扰，不便于收纳

需要注意的楼梯平台的案例

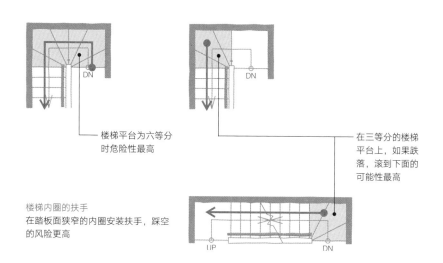

DN

DN

楼梯平台为六等分时危险性最高

在三等分的楼梯平台上，如果跌落，滚到下面的可能性最高

楼梯内圈的扶手
在踏板面狭窄的内圈安装扶手，踩空的风险更高

UP　　DN

一般不考虑设计六等分
的楼梯平台

楼梯是最可能发生家庭事故的地方。事故包括：随着年龄的增长，身体机能（体力、视力）下降导致跌倒；人与人或者人与门之间相撞；抱着孩子或东西，看不见脚下时跌落等。有时会发生滚落到楼梯下面的严重事故。

首先来看看**布局图 A**。厕所门朝着楼梯开敞。上下楼梯时，注意力都集中在脚下，有时会一时反应不过来。即使没有与门相撞，也可能会因为门打开了而受惊，导致踩空楼梯，因此不要设置对着上下楼梯口开敞的门。

布局图 A 的处方，在确认没有影响到二楼的布局之后，将厕所和楼梯调换了位置。将厕所放在前面，确保天花板的高度，而且将厕所的窗户从正面移开，既美观，又保护了隐私。

出于对安全的考虑，将厕所门改为单扇推拉门，避免了冲突的危险。平开门的话，开门的动作与人走出来的动作几乎同时进行，而推拉门的话，人的动作稍微迟缓一点，因此减少了人与人之间相撞的风险。

在楼梯的形状上下功夫，也能提高安全性。楼梯平台是踩空风险很高的区域，因此分割楼梯平台很危险。分割楼梯平台时，要把它设置在平坦区域的正上方，以减少滚落下来的风险。笔直的楼梯没有楼梯平台，所以滚落时停不下来。综上所述，不分割楼梯平台的 U 形环绕楼梯最安全。

布局图 A 的处方

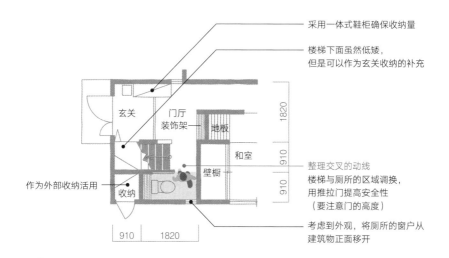

采用一体式鞋柜确保收纳量

楼梯下面虽然低矮，但是可以作为玄关收纳的补充

玄关

门厅
装饰架

地板

和室

壁橱

收纳

作为外部收纳活用

整理交叉的动线
楼梯与厕所的区域调换，用推拉门提高安全性
（要注意门的高度）

考虑到外观，将厕所的窗户从建筑物正面移开

1820

910

910

910

1820

安全性高的楼梯平台的案例

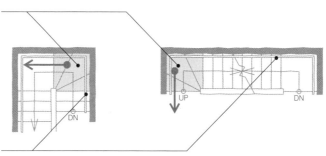

在分割过的楼梯平台跌落，也有可能在正下方的平坦的地方停下来

将扶手安装在踏板面较宽的外圈，能增加安全性

UP

DN

DN

怎么才能使楼梯下部空间的使用效率更高呢？

一般不都是用作厕所或者收纳空间吗？做成房间的话，天花板看起来很低，而且也不美观。

布局图 A 是用作厕所的案例。楼梯和洁具协调统一，貌似用起来很方便。

楼梯平台分成六等分，虽然上下楼梯有点让人担心，但是从厨房到洗脸室很近，主妇会很喜欢。

楼梯平台下面是厕所，天花板的高度没问题吧？

稍微有点让人担心……待会儿算一下。**布局图 B** 是用作收纳空间的。玄关和起居室有这么多收纳空间应该够了吧！

虽然有两个榻榻米大小的收纳空间让人很开心，但是感觉天花板太低，用起来不方便。这些待会儿也要算一下。

与高度有关的尺寸，光看平面图很难让人理解。厕所和收纳空间放在第几个台阶后才好用呢？

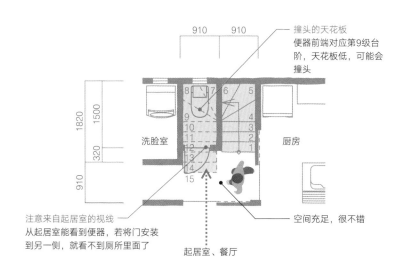

撞头的天花板
便器前端对应第9级台阶，天花板低，可能会撞头

洗脸室

厨房

注意来自起居室的视线
从起居室看到便器，若将门安装到另一侧，就看不到厕所里面了

空间充足，很不错

起居室、餐厅

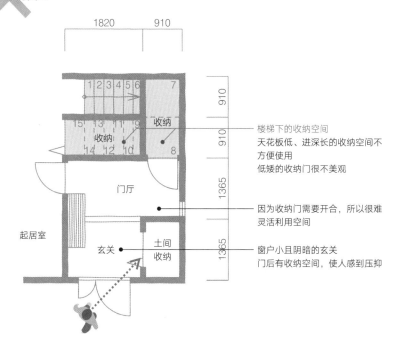

收纳

楼梯下的收纳空间
天花板低、进深长的收纳空间不方便使用
低矮的收纳门很不美观

收纳

门厅

因为收纳门需要开合，所以很难灵活利用空间

起居室

玄关

土间
收纳

窗户小且阴暗的玄关
门后有收纳空间，使人感到压抑

楼梯下的厕所便器前端
对应第 10 级台阶

楼梯下面的空间一般作为收纳空间或厕所使用，也可以与那些天花板很低，但可以使用的空间（土间收纳或储藏室）连接起来，或者做成倾斜的天花板，下面放冰箱或洗衣机。不过，起居室的一角变成倾斜天花板，看上去很不美观，因此要避免这样设计楼梯。

布局图 A 的楼梯下面是厕所。从起居室经过门厅可以直达，卫浴与楼梯间集中在一起，这种家务动线布局主妇们很喜欢。虽然楼梯平台是六等分的，从安全考虑不做推荐，但是门厅因此大了一些。接下来，我们考虑一下厕所天花板的高度。此时，便器安装在楼梯平台（7 ～ 9 级）的下面，如果将踢面高度设为 200 mm，将第 9 级的踏板高度设为 1.8 m，那么厕所的天花板高度则为 1.7 m。人进入厕所后，须到便器前端坐下，因此天花板高度应不妨碍这个动作，此处高度有点不够。**处方里**，在楼梯最下面加了一级台阶，使便器前端对应第 10 级台阶，将天花板高度设为 1.9 m。虽然门厅会变小，但是出于安全考虑，厕所门被改成了推拉门，而且考虑到来自起居室的视线，起居室门也被移到了楼梯前。

布局图 B 的楼梯下面是收纳空间。从平面图上来看，空间似乎都被毫无保留地用于收纳了，但是想要拿出里面的东西，人必须进去，因此收纳效率很低。玄关也被墙壁夹在中间，阴暗闭塞。**处方里**横向使用了楼梯下方的空间。正面宽度大的收纳空间，方便东西的拿进拿出，能够被高效利用。虽然不推荐玄关正面的收纳门，但是推荐将门改成跟天花板一样高，使其颜色与墙壁相同，将鞋柜改为柜台式，设置窗户使房间更明亮等，在考虑收纳计划的同时，也请考虑玄关、门厅的配置。

布局图 A 的处方

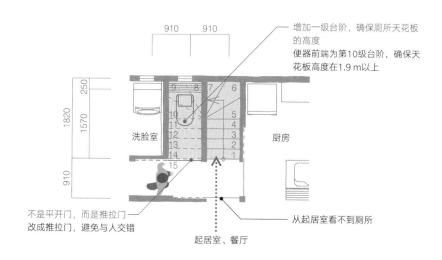

增加一级台阶，确保厕所天花板的高度
便器前端为第10级台阶，确保天花板高度在1.9 m以上

洗脸室

厨房

910　910

250
1820
1570
910

不是平开门，而是推拉门
改成推拉门，避免与人交错

从起居室看不到厕所

起居室、餐厅

布局图 B 的处方

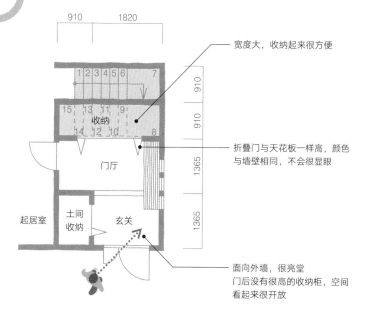

宽度大，收纳起来很方便

910　1820

910
910
1365
1365

收纳

折叠门与天花板一样高，颜色与墙壁相同，不会很显眼

门厅

起居室

土间收纳

玄关

面向外墙，很亮堂
门后没有很高的收纳柜，空间看起来很开放

主题
玄关宽敞、起居室舒适的家

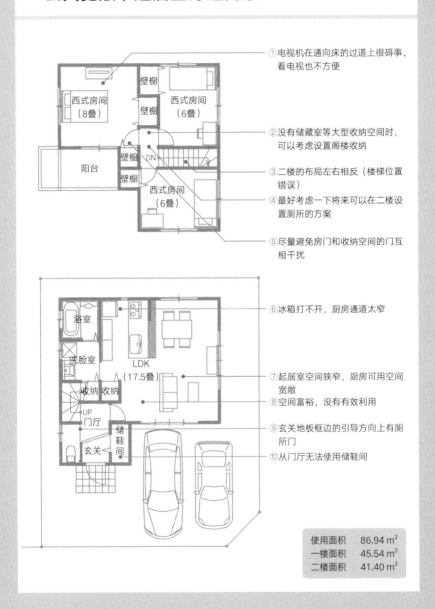

① 电视机在通向床的过道上很碍事，看电视也不方便

② 没有储藏室等大型收纳空间时，可以考虑设置阁楼收纳

③ 二楼的布局左右相反（楼梯位置错误）

④ 最好考虑一下将来可以在二楼设置厕所的方案

⑤ 尽量避免房门和收纳空间的门互相干扰

⑥ 冰箱打不开，厨房通道太窄

⑦ 起居室空间狭窄，厨房可用空间宽敞

⑧ 空间富裕，没有有效利用

⑨ 玄关地板框边的引导方向上有厕所门

⑩ 从门厅无法使用储鞋间

使用面积	86.94 m²
一楼面积	45.54 m²
二楼面积	41.40 m²

02

厕所、洗脸室、浴室

进入玄关后迎面就是厕所门

布局图 A，一进门就能看见厕所门！

真的呢！虽然着急的时候很便利，但是来客人时会觉得很不舒服吧！

家里来客人时只能用二楼了。因为有客人时，不方便从厕所里出来。

而且，鞋柜离门厅很远，玄关的鞋子没法收拾。这个布局没有一点好处。

布局图 B 也一样哦！从玄关能看到厕所，也没有鞋柜。如果
能装饰点什么就好了，可是没有地方。

而且，便器对着玄关。门向内侧开，用起来好像很不方便，又在楼梯下面，门会很低吧！

跟奶奶一起住，如果她在里面晕倒了，可能没办法及时救出来。

将厕所设置在玄关时，需要注意什么呢？如果把它设置在玄关以外
的地方，应该怎么做呢？

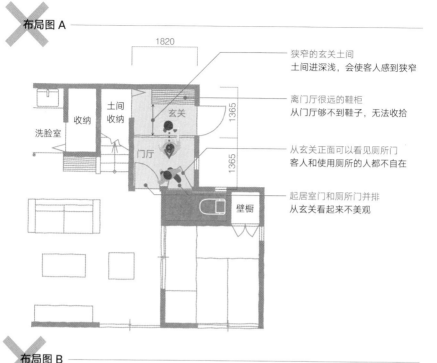

布局图 A

1820

狭窄的玄关土间
土间进深浅，会使客人感到狭窄

离门厅很远的鞋柜
从门厅够不到鞋子，无法收拾

从玄关正面可以看见厕所门
客人和使用厕所的人都不自在

起居室门和厕所门并排
从玄关看起来不美观

洗脸室　收纳　土间收纳　玄关　门厅　1365　1365　壁橱

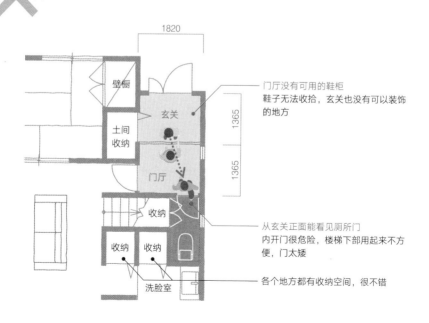

布局图 B

1820

门厅没有可用的鞋柜
鞋子无法收拾，玄关也没有可以装饰
的地方

从玄关正面能看见厕所门
内开门很危险，楼梯下部用起来不方
便，门太矮

各个地方都有收纳空间，很不错

壁橱　玄关　土间收纳　收纳　门厅　收纳　收纳　洗脸室　1365　1365

改变厕所门的"角度"和"动线",从玄关正面隐藏

位于玄关门厅(从门厅可以看见)的厕所,隐藏着视线或者漏音等问题。按理说,设计师有必要将这些优缺点告诉业主,然后做出合适的提案。如果不这么做,之后设计师就会和很多投诉撇不清关系。这个空间布局就是其中的一个案例。

厕所的设计,最重要的是保护隐私。应避免从玄关和起居室可以看见厕所门的设计,以及通过厨房旁边才能去厕所的设计,对于不想被客人看见(不想看见)的地方,要尽量避免将其设置在动线上。而且,设置一楼厕所的前提是给客人用,所以需要考虑它的设计及老年人也可以放心使用的安全性。因为考虑到会妨碍在门厅的人,所以使厕所门向内侧开,如今还能看到这种危险的案例。

布局图 A 的处方,考虑到隐私,改变了厕所门的方向。这样一来,就可以设计从门厅和玄关都能使用的鞋柜。由于起居室门靠近楼梯口,因此需要研究一下安全措施,如将厕所门改为推拉门(拉向墙壁内侧),与楼梯口错开等。此外,玄关正面的收纳折叠门,要尽量使其不那么显眼。虽然仍有从玄关能看见人进出厕所、起居室变窄等缺点,但是优点大于缺点。

布局图 B 的处方,将从玄关门厅进出厕所改成从洗脸室进出,保护了隐私。因此,玄关门厅有了可以操作的空间,配置了从门厅和玄关都可以使用的鞋柜。虽然也有在楼梯下方、天花板低、收纳空间变小等缺点,但是优点大于缺点。

布局图 A 的处方

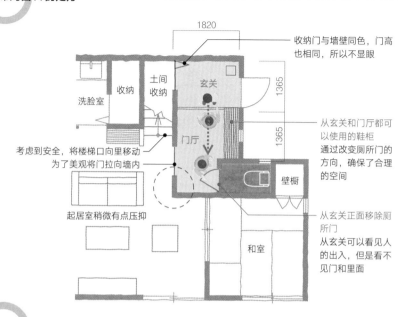

1820

收纳门与墙壁同色，门高也相同，所以不显眼

从玄关和门厅都可以使用的鞋柜
通过改变厕所门的方向，确保了合理的空间

洗脸室

收纳

土间收纳

玄关

1365

1365

门厅

考虑到安全，将楼梯口向里移动

为了美观将门拉向墙内

起居室稍微有点压抑

壁橱

从玄关正面移除厕所门
从玄关可以看见人的出入，但是看不见门和里面

和室

布局图 B 的处方

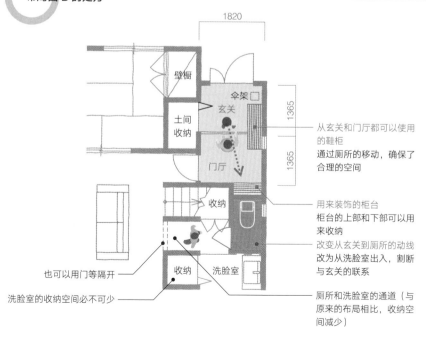

1820

壁橱

伞架

玄关

1365

从玄关和门厅都可以使用的鞋柜
通过厕所的移动，确保了合理的空间

土间收纳

1365

门厅

收纳

用来装饰的柜台
柜台的上部和下部可以用来收纳

改变从玄关到厕所的动线
改为从洗脸室出入，割断与玄关的联系

也可以用门等隔开

洗脸室的收纳空间必不可少

收纳

洗脸室

厕所和洗脸室的通道（与原来的布局相比，收纳空间减少）

现在的房子，二楼几乎都有厕所。

　　二楼有厕所是很方便，但是现在只有一个厕所也没觉得不方便，所以不要也没关系。

两代人住在一起则另当别论，四口之家的话就不需要了。而且我也不喜欢增加一个要打扫的地方。

　　住在公寓里的朋友也说不需要。公寓跟平房都差不多呀！

布局图 A 很少见啊！二楼没有厕所。

　　还真是！二楼的厕所大都是自由选择的，参考方案上好像没有厕所。

没有厕所，感觉房间会变得更宽敞，不过我觉得房间再小一点也可以。

　　需要的时候可以改造一下再增加厕所，要是能有这样的布局就好了。

能有那样的好事吗？话说二楼有必要配置厕所吗？

布局图 A

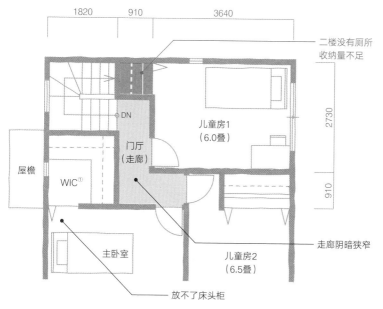

二楼没有厕所
收纳量不足

儿童房1
（6.0叠）

门厅
（走廊）

○ DN

屋檐

WIC①

主卧室

儿童房2
（6.5叠）

走廊阴暗狭窄

放不了床头柜

二楼平面图

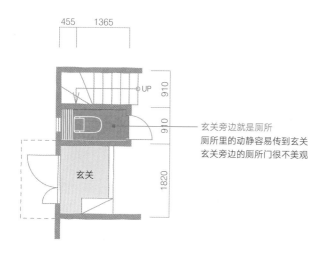

○ UP

玄关旁边就是厕所
厕所里的动静容易传到玄关
玄关旁边的厕所门很不美观

玄关

一楼平面图

① WIC 是 walk-in-closet 的缩写，意为衣帽间。

将在动线上的收纳空间转移到厕所

关于二楼厕所的必要性，经常听到"打扫起来很麻烦""现在没觉得不方便，所以不需要"等观点。对于一直住在像平房一样的公寓里的人来说，有楼梯的生活是难以想象的。

楼梯被认为是家中最危险的地方。特别是夜间上下楼梯时要格外注意。照明昏暗的话，脚下可能会有危险，刺眼的光线照进眼睛里也有危险。随着年龄的增长，人的机能会下降，半夜起来上厕所的次数也会增加，因此建议将厕所和卧室放在同一层楼上。使用二楼厕所的时间估计是睡觉前和早晨，所以要考虑到影响隔壁房间的噪声。一般厕所不要与卧室连接，实在不行的话，就把收纳空间夹在中间，或者用隔音性能好的墙壁隔开。

在**布局图 A** 中，儿童房 1 的收纳空间较小，二楼的门厅（走廊）阴暗狭窄，有从一楼玄关旁边就能看见厕所的窗户等问题，让人很介意。儿童房各有 6 叠以上的大小，所以二楼还是有空间来设置厕所的。

在**处方里**，将儿童房 2 的收纳空间改成厕所。结果儿童房 2 从 6.5 叠变成了 5.2 叠，床的摆放已经进行过验证，没有问题。儿童房 1 也扩大了收纳空间，变成了和原来一样的大小。与厕所相邻的墙壁设计成隔音功能很好的墙壁，但需要注意不要在这面墙上安装卷纸器。一楼的厕所与楼梯调换位置，考虑到美观，从玄关正面移除了厕所窗户。从玄关很难感觉到厕所的动静，二楼的门厅（走廊）也开了窗户，变得明亮起来。如果无法确保家里所需要的空间，就不必优先考虑二楼的厕所，但是，最好规划好布局，以便将来需要时可以安装。

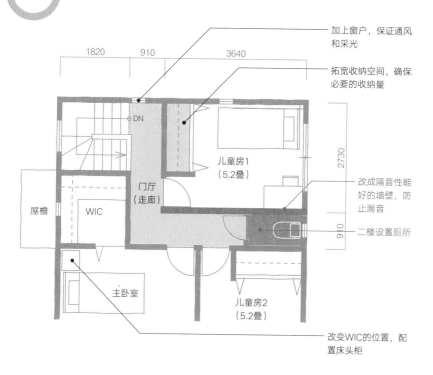

加上窗户，保证通风和采光

拓宽收纳空间，确保必要的收纳量

1820 910 3640

2730

DN

儿童房1
（5.2叠）

门厅
（走廊）

屋檐

WIC

改成隔音性能好的墙壁，防止漏音

910

二楼设置厕所

主卧室

儿童房2
（5.2叠）

改变WIC的位置，配置床头柜

二楼平面图

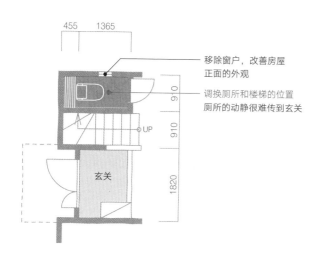

455 1365

移除窗户，改善房屋正面的外观

910

调换厕所和楼梯的位置
厕所的动静很难传到玄关

910

UP

1820

玄关

一楼平面图

CASE 3
厕所正对着起居室门

 有个样板房的空间布局让我挺担心的。

 你担心什么呢？

 比如说没有鞋柜。即使把土间收纳当作鞋柜用，也必须从走廊下来才能使用。

 最近很多设计都有土间收纳，但是没有鞋柜。而且从玄关可以看见厕所也让人很烦。这是常见的玄关的不良模式。

 作为家务动线或许很方便，但是，打开起居室门就能看见厨房，很让人讨厌。楼梯那里需要安装一个门啊！

 客人要回去时，打开起居室门，就能看到厕所……

 玄关和门厅都不窄，可是用起来很不方便，这是为什么呢？

 宽度再大一点的话，也可以放个鞋柜，就没有什么好的改造方案吗？

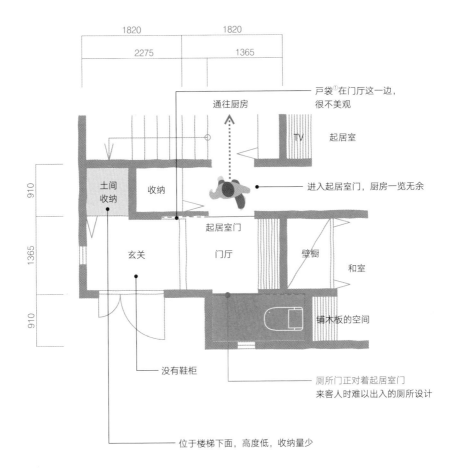

1820　　1820
2275　　1365

户袋①在门厅这一边，
很不美观

通往厨房

TV　起居室

910

土间
收纳　收纳

进入起居室门，厨房一览无余

起居室门

1365

玄关　门厅　壁橱　和室

910

铺木板的空间

没有鞋柜

厕所门正对着起居室门
来客人时难以出入的厕所设计

位于楼梯下面，高度低，收纳量少

①户袋是指收纳推拉门的空间。可以嵌入墙体，也可以裸露在房间内侧。

玄关的核查重点是通往收纳空间、厕所、起居室的路线

布局图 A 是常见的将功能都集中到玄关的不良空间布局案例。首先作为话题的是①厕所的布置。虽然从玄关看不见厕所门，但还是要避免与起居室门面对面布置。出入厕所时需要经过走廊的布置也不推荐，因为需要保护隐私。其次是②鞋柜的收纳量不足。一般四口之家约有 50 双鞋，这里找不到鞋子的收纳场所。这次是没有鞋柜，打算依靠土间收纳，但是土间收纳的空间在楼梯下方，不是很高，而且不能从门厅直接使用，因此可以想象玄关土间上到处是鞋子的情形。最后是③通往起居室的路线。打开起居室门，厨房一览无余。虽然作为家务动线非常方便，但这是不想让客人看见的部分。特别是南边靠近通道时，最好能从玄关门厅直接进入起居室。

处方里，首先将厕所的位置移到楼梯下面。由此①的问题得到了解决。接下来是话题②，将玄关门改为从西侧进入。玄关土间的宽度就变宽了。土间收纳也变大了，通过在玄关正面设置鞋柜，②的问题也解决了。最后是③，和室的壁橱和铺木板的空间位置调换，改为从门厅一侧出入。这样一来，去起居室时，看不见厨房。通往厨房的通道可以用门等隔断。

这样既没有改变基本形状，又能够使玄关空间用起来得心应手。对于玄关、门厅的错误案例，我们列举了收纳空间、厕所和起居室通道问题，如果这些都解决了，玄关用起来才方便，我们要事先认识到这一点。

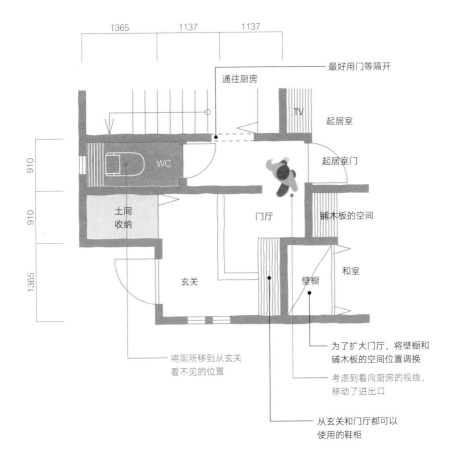

1365　　1137　　1137

910

910

1365

最好用门等隔开

通往厨房

TV

起居室

起居室门

WC

土间收纳

铺木板的空间

门厅

和室

玄关

壁橱

将厕所移到从玄关看不见的位置

为了扩大门厅，将壁橱和铺木板的空间位置调换

考虑到看向厨房的视线，移动了进出口

从玄关和门厅都可以使用的鞋柜

CASE 4
卫浴空间缺乏对老年人的关爱

 那个是叫无障碍住宅吗？还是设计成即使年龄大了，生活起来也很方便的房子好。

 是啊，妈妈。地面没有台阶，就没有跌倒的危险，而且推拉门的话，坐轮椅也方便。

 去掉台阶和配备推拉门是必须要做的，我还想知道其他的，便于像我这样的老年人使用的设备或巧妙的空间布局。

 布局图 A，厕所和洗脸室等都集中在一起，方便使用，但是平开门不好。

 布局图 B 的厕所门也是平开门。而且洗脸室的位置也不方便。若是在进出口附近，坐轮椅去就方便了。

 年龄大了，转换方向的次数少一点，生活起来更方便吧！因此需要更巧妙的、即使没人照顾也方便生活的布局。

 我想了解对于能自立，但是走路困难的人来说，生活方便的房间布局的设计窍门。

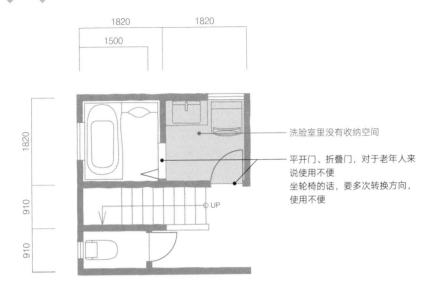

洗脸室里没有收纳空间

平开门、折叠门，对于老年人来说使用不便
坐轮椅的话，要多次转换方向，使用不便

布局图 B

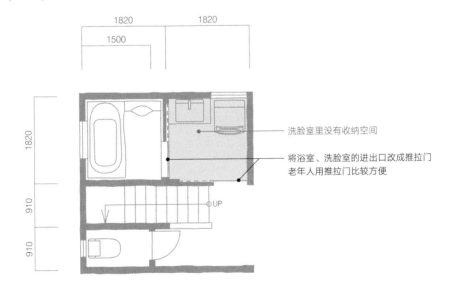

洗脸室里没有收纳空间

将浴室、洗脸室的进出口改成推拉门
老年人用推拉门比较方便

如何让洗脸室、淋浴用起来更方便

对于老年人来说，毫不费力地使用洗脸室和浴室，在日常生活中是非常重要的。在家里看护老人时，需要特殊的设计，这里是针对能自立但走路困难（负担大）的老年人的，思考他们用起来方便、护理起来也方便的空间布局。

首先是布置。这些空间一定要跟老年人的卧室在同一个楼层。门最好是开门时不需要移动身体的推拉门，最好确保其有效宽度有 800 mm。此外还要研究洗脸室和便器、浴室的式样，确保有可以顺利使用这些设施的空间，并务必安装辅助相关动作的扶手等。

布局图 A 和 B 都大量使用了平开门。洗脸室里也看不到收纳空间（将东西放在地上，就会使空间变窄）。洗脸台和厕所一天要被使用很多次，因此将其设置在进出口的正面，坐轮椅移动时也可以减少变换方向的次数。在**布局图 A 的处方**里，将楼梯和厕所调换了位置，改变了洗脸室门的位置。由此确保了收纳空间，洗脸台也改在二楼进出口的正面。同样，整体卫浴的淋浴位置也改在了浴室进出口的正面，方便淋浴，也方便护理。此外，在**布局图 B 的处方**里，改变了楼梯的布局，厕所的进出口改为推拉门。厕所和洗脸室的动线缩短，便于使用，洗脸台也在便器正面，减少了身体的移动。

在考虑无障碍住宅时，取消台阶、使用推拉门固然重要，但是这些只能使移动更加便利，并不能使使用洗脸室、厕所和浴室变得更轻松。从动线的角度思考使老年人动作简化并配置设备，这也是重要的要素。

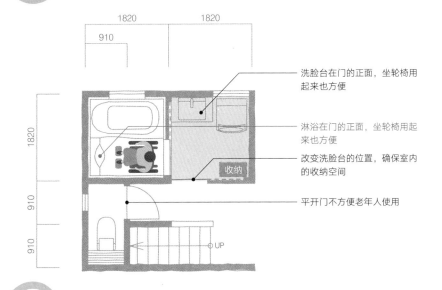

洗脸台在门的正面，坐轮椅用起来也方便

淋浴在门的正面，坐轮椅用起来也方便

改变洗脸台的位置，确保室内的收纳空间

平开门不方便老年人使用

收纳

布局图 B 的处方

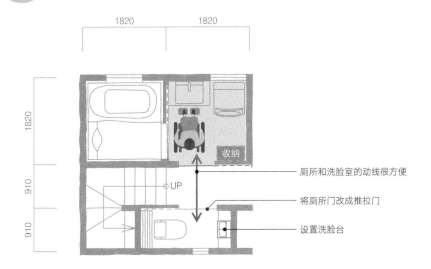

厕所和洗脸室的动线很方便

将厕所门改成推拉门

设置洗脸台

收纳

C A S E 5

阴暗潮湿、容易凌乱的洗脸室

 洗脸室很难收拾吧！脱衣服、穿衣服、洗脸、化妆、洗衣服……
用途多，东西也多，所以不能让客人看见。

 好像 1 坪（1.82 m×1.82 m）左右的洗脸室居多，但很少听说
有收纳空间充足的房子。

 我们家地板上放着带轮子的收纳箱，很碍事，而且仅这些收纳
用品空间就远远不够用。

 毛巾、洗涤液、清扫浴室的工具、衣架等晾衣服的工具，而且
还有衣服……大家都是怎么做的呢？

 布局图 A 怎么样呢？洗脸室里有收纳空间，就是窗户小了点。

 布局图 B 也有收纳空间呀！都各有一坪（1.82 m×1.82 m）左右，
刚开始就规划好的话，之后总会有办法的。

 洗脸室有收纳空间的布局总算多起来了。但是布局都大同小异。我
好想了解更多既明亮，收纳空间又充足的布局啊！

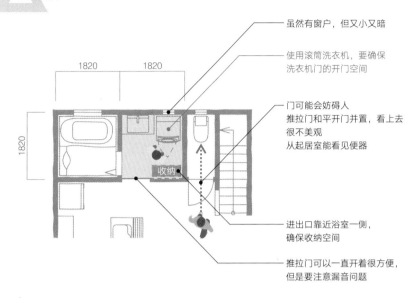

虽然有窗户，但又小又暗

使用滚筒洗衣机，要确保洗衣机门的开门空间

门可能会妨碍人
推拉门和平开门并置，看上去很不美观
从起居室能看见便器

1820 1820

1820

收纳

进出口靠近浴室一侧，确保收纳空间

推拉门可以一直开着很方便，但是要注意漏音问题

布局图 B

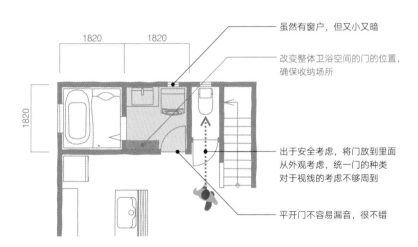

虽然有窗户，但又小又暗

改变整体卫浴空间的门的位置，确保收纳场所

1820 1820

1820

出于安全考虑，将门放到里面
从外观考虑，统一门的种类
对于视线的考虑不够周到

平开门不容易漏音，很不错

设计科长的诊室

重视收纳计划和
房间亮度

洗脸室一般用于穿脱衣服、洗涤、洗脸这三种生活行为，但是经常能看到只有洗衣机和化妆洗脸台，没有考虑收纳空间，光线阴暗的布局。近来看到传单上刊登的布局时，不由得感叹终于能找到像布局图 A 那样，改变洗脸室门的位置（整理动线），考虑到收纳空间的案例了。但是我依然觉得，无论是业主，还是设计方，认识都还远远不够。

布局图 A，将进出口设置在浴室旁边，打造了收纳空间。使用滚筒洗衣机时，房门可以开关，请在不妨碍做家务的前提下，规划收纳空间的进深。**布局图 B** 移动的是整体浴室的门，打造了进深为 200 ~ 400 mm 的收纳空间。除此之外，它还将洗脸室的门改成平开门，提高了隔音性，将相邻的厕所门稍微后移，旨在避免人与门相撞，两个户型都给人窗户小，洗脸室昏暗的印象。

改善方案①，以布局图 A 为基础打造了收纳空间，同时也考虑到了隔音性，将推拉门改为平开门。使用地垫时，要注意厚度，以防与门冲突。同时也考虑到要避免从起居室看到便器。而且，洗脸台上方还设置了一个横长的窗户（高 500 mm 左右），增加了房间的亮度。**改善方案②**，考虑到要与晾晒衣物的露台协调，采用了有落地窗的洗脸室。在洗衣机上设计收纳架，洗脸台前面也有收纳空间。当然，这里是最需要保护隐私的空间，所以需要考虑到防盗和视线问题。正如厨房从隐藏的场所变成公开的场所一样，或许今后洗脸室也会变成更衣室。

改造方案①

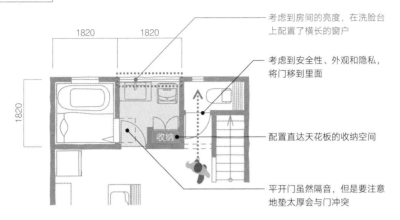

考虑到房间的亮度，在洗脸台上配置了横长的窗户

考虑到安全性、外观和隐私，将门移到里面

配置直达天花板的收纳空间

平开门虽然隔音，但是要注意地垫太厚会与门冲突

1820　1820

1820

收纳

改造方案②

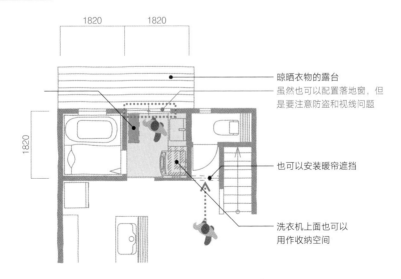

晾晒衣物的露台
虽然也可以配置落地窗，但是要注意防盗和视线问题

也可以安装暖帘遮挡

洗衣机上面也可以用作收纳空间

1820　1820

1820

CASE 6

洗澡后让人担心视线问题的"起居室楼梯"

 你不觉得起居室楼梯很好吗？

 为什么？因为可以看清楚我们在干什么吗？

 虽然是这样的，但是感觉可以打造成一个开放而有个性的起居室。漂亮的楼梯也不错哦！

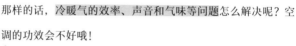 那样的话，冷暖气的效率、声音和气味等问题怎么解决呢？空调的功效会不好哦！

 框架楼梯的话，好像有点难，但是如果像布局图 A 那样，能在楼梯口安上门，好像可以解决哦！

那样的话，但是我很讨厌洗澡后经过起居室。特别是有客人来时……又没有会客室，还是不要起居室楼梯的好。

 考虑到隐私的话，的确如此，有各种想法是很自然的。既能利用起居室楼梯的优点，又可以保护隐私，我好想看到这样的方案啊！

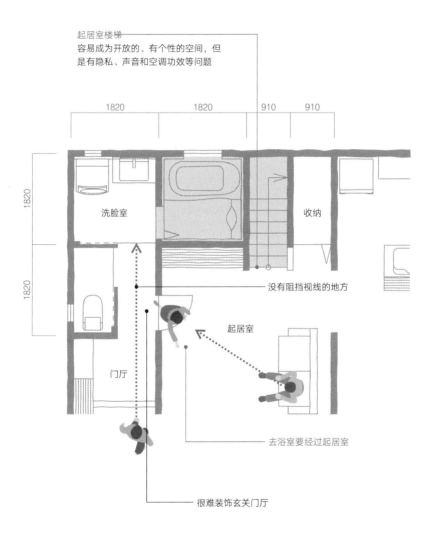

起居室楼梯
容易成为开放的、有个性的空间，但
是有隐私、声音和空调功效等问题

1820　　1820　　910　　910

1820

1820

洗脸室

收纳

没有阻挡视线的地方

起居室

门厅

去浴室要经过起居室

很难装饰玄关门厅

开放的"起居室楼梯"、
重视隐私的"门厅楼梯"

从玄关经过起居室去各个房间的"起居室通道"，是开放式的方案，具有便于家人之间顺畅交流、空间效率高的优点。虽然比较受年轻女性的青睐，但是除了空调功效和噪声的问题以外，还有隐私问题有待解决。有时孩子会觉得自己的行动受到监视，因此需要在仔细了解起居室通道的特征的基础上，再进行规划。

布局图 A 是起居室通道中被称为"起居室楼梯"的类型。配置起居室楼梯的方案，显得有个性，具有开放感，采用框架楼梯，更能展示令人震撼的空间魅力。另一方面，也具有冷暖气功效不高，声音和气味容易传到整个屋子等缺点。如果担心这些问题，就要考虑改变楼梯的形状，用门隔开，采用中央空调系统等改善方法。但是，这个空间布局需要在洗澡后通过起居室，难以保护家人的隐私，因此要引起注意。

布局图 A 的处方是被称为"门厅楼梯"的类型。厕所、洗脸室、浴室的隐私空间和楼梯间集结在一起。隐私、冷暖气功效、声音和气味等问题也可以解决。不过，卧室与用水空间，通过楼梯间直接连接，以起居室为中心的交流机会可能会变少。而且，走廊空间增大，与"起居室楼梯"相比，起居室会变窄。

怎么样呢？两种方案都有长有短。从玄关通过楼梯直接进入各个房间的相似布局，现在也很受欢迎。

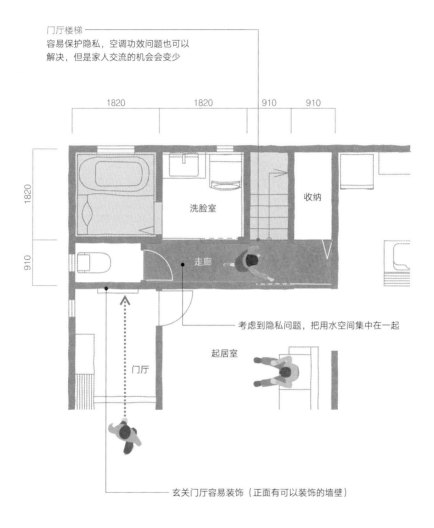

门厅楼梯
容易保护隐私，空调功效问题也可以
解决，但是家人交流的机会会变少

1820　　1820　　910　　910

1820

910

洗脸室

收纳

走廊

考虑到隐私问题，把用水空间集中在一起

起居室

门厅

玄关门厅容易装饰（正面有可以装饰的墙壁）

主题
LDK+两个车库 朝向东南的明亮的家

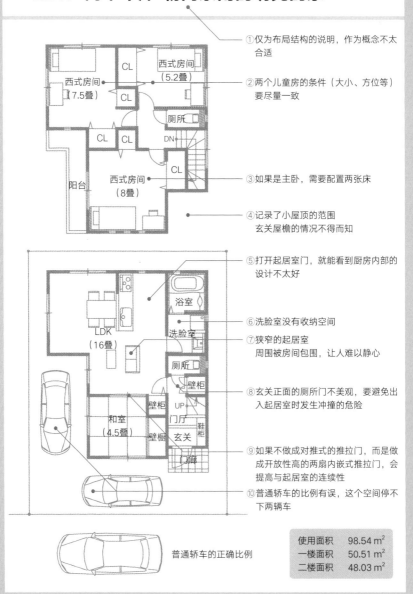

① 仅为布局结构的说明，作为概念不太合适

② 两个儿童房的条件（大小、方位等）要尽量一致

③ 如果是主卧，需要配置两张床

④ 记录了小屋顶的范围
玄关屋檐的情况不得而知

⑤ 打开起居室门，就能看到厨房内部的设计不太好

⑥ 洗脸室没有收纳空间

⑦ 狭窄的起居室
周围被房间包围，让人难以静心

⑧ 玄关正面的厕所门不美观，要避免出入起居室时发生冲撞的危险

⑨ 如果不做成对推式的推拉门，而是做成开放性高的两扇内嵌式推拉门，会提高与起居室的连续性

⑩ 普通轿车的比例有误，这个空间停不下两辆车

普通轿车的正确比例

使用面积	98.54 m²
一楼面积	50.51 m²
二楼面积	48.03 m²

03

和室

老家有两间和室，做法事的时候，亲戚们欢聚一堂，十分热闹。

　　两间相连的和室，在如今的新房子里几乎看不到了。

是啊，原本和室本身就不怎么建造了。现在已经是在起居室迎接客人的时代了。

　　我出生的房子，玄关有大面积的三合土地面，和室还有精心设计的栏间和走廊呢，好怀念啊！

布局图A是当今很少见的，有两间相连的和室布局。竟然还有佛堂、壁龛和宽敞的走廊，好厉害啊！

　　真的耶！里面的房间好像不是客厅，而是卧室。卸下拉门会很宽敞，真不错啊！但是感觉很多和室的礼法很奇怪。

哪里奇怪了？跟我们和孩子们讲和室的规矩有点难度，但我想掌握最低限度的规矩。

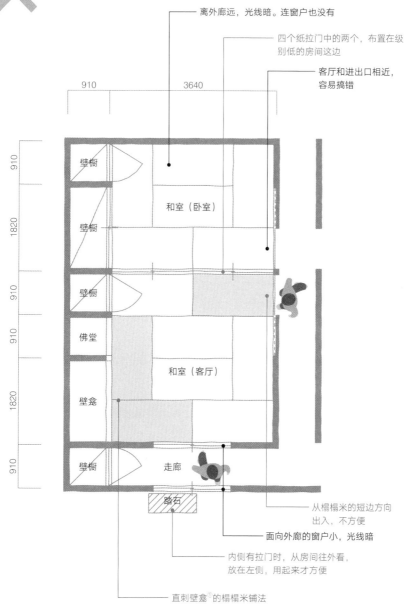

离外廊远，光线暗。连窗户也没有

四个纸拉门中的两个，布置在级别低的房间这边

客厅和进出口相近，容易搞错

910　　　3640

910

壁橱

和室（卧室）

壁橱

1820

壁橱

910

910

佛堂

和室（客厅）

壁龛

1820

壁橱

910

走廊

踏石

从榻榻米的短边方向出入，不方便

面向外廊的窗户小，光线暗

内侧有拉门时，从房间往外看，放在左侧，用起来才方便

直刺壁龛①的榻榻米铺法

①直刺壁龛是指榻榻米的短包边对着壁龛，整个榻榻米像一把剑一样直接刺向壁龛，这种形式为当时的武士（当权者）所忌讳。

※还要研究空调的设置场所及方法。

真正的和室布局没有标准可言，要去现场确认实物

如今在城市里，很少能看到有两间相连的和室的房子了。随着自立门户家庭的增加，用地不再富裕，再加上做法事的宴席在其他场所举行等，需要两间相连的和室的必要性降低了。现代住宅中不再需要和室里的榻榻米、壁龛、佛堂、走廊、纸拉门、格窗、格子门、独间儿、三合土、庭院等设施和空间，随着时代的变迁，正在以不同的姿态和形式传承下去。

这个布局是两间和室相连，里面的房间作为母亲的卧室使用。子女一家的会客室用作起居室，打算将有壁龛的和室用作父母的客厅或佛堂，但是好像有很多不符合和室建造规矩的问题。首先映入眼帘的是榻榻米的铺法。即能看到**榻榻米的短包边对着壁龛布置**的"直刺壁龛"现象。**不仅榻榻米是这样的，天花板也是如此，**要引起注意。进出口与榻榻米的关系，请参照"03 和室"的"CASE3"。

接下来是中间纸拉门的布置。中间的两扇门应该**对着级别高的房间，这才是正确的布置，**但这里正好相反。面向走廊的窗户的大小也有问题。走廊作为连接内外的空间，备受推崇。为了确保和室、走廊、庭院的连续性和和室的明亮度，窗口要开到最大。特别是里面的房间阴暗潮湿，将壁橱改成吊顶壁橱，有助于采光和通风。此外，和室有很多壁龛等附带空间，接触到外面空气的墙壁较少，所以要事先研究好空调的布置。

这里只是总结了普遍性的案例，越是真正的和室，就越要考虑这些自古以来就有的习俗和规矩。遇到这种情况时，要事先跟业主确认好现在居住的和室，或者想要参考的和室，然后再进行设计。

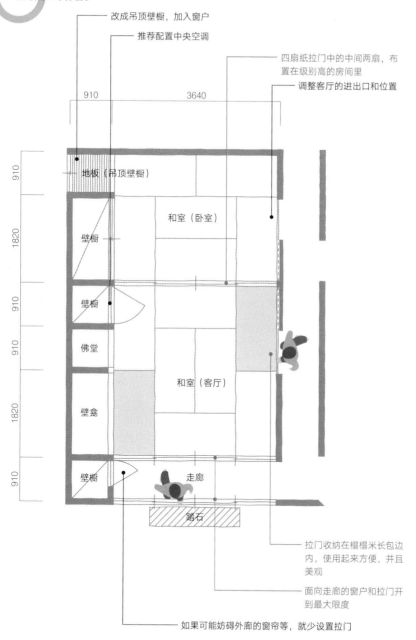

改成吊顶壁橱，加入窗户

推荐配置中央空调

四扇纸拉门中的中间两扇，布
置在级别高的房间里

调整客厅的进出口和位置

910

3640

910

地板（吊顶壁橱）

和室（卧室）

1820

壁橱

910

壁橱

佛堂

910

和室（客厅）

壁龛

1820

壁橱

910

走廊

踏石

拉门收纳在榻榻米长包边
内，使用起来方便，并且
美观

面向走廊的窗户和拉门开
到最大限度

如果可能妨碍外廊的窗帘等，就少设置拉门

CASE 2

不好收放被褥的壁橱

我想要壁龛和佛堂，所以还是 8 叠的独立和室好。

既能接待突然来访的客人，又可以毫无顾虑地让父母留宿，的确不错。

布局图 A 和 B 哪里不一样呢？

A 是在每个小方格的边长为 910 mm 的方格纸上画的布局图，B 是在边长为 1000 mm 的方格纸上画的。A 就是最常见的 8 叠和室的尺寸。

所以壁橱的尺寸是 910 mm 和 1 m？哪个布局使用起来更方便呢？

与 A 相比，B 的优点在于榻榻米的面积大，但是壁橱的宽度不够，或许这就是它的缺点。

是啊，进深有 910 mm 就够了，宽度大一点，拿东西也方便。

壁橱还是要方便被褥的拿进拿出。我想了解用起来方便的壁橱和进深的关系。

布局图 A

910 mm 规格的案例

加装装饰横木,
使宽度和进深平衡

布局图 B

1 m 规格的案例

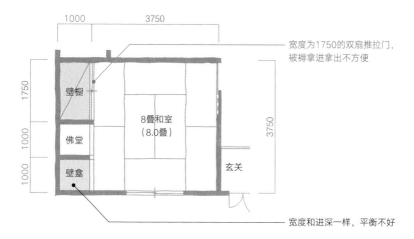

宽度为1750的双扇推拉门,
被褥拿进拿出不方便

宽度和进深一样, 平衡不好

将标准尺寸的壁橱宽度设为 2.0 m,用起来更方便

910 mm 规格和 1 m 规格[①],区别最明显的就是在和室中。它们不仅对榻榻米的尺寸有影响,对附属于和室的壁龛、佛堂和壁橱也有影响。由于 1 m 规格便于以 250 mm 为单位来调整尺寸,所以既可以像**布局图 B** 那样,以 3.75 ㎡ 为 8 叠,也可以设计成稍大一点的 4.0 ㎡,或者稍小一点的 3.5 ㎡。但需要注意的是,相对于平方米,日本人更习惯于用叠数来表示房间的大小。4.0 ㎡ 的和室有 9 叠榻榻米的大小,而 3.5 ㎡ 只有 7.4 叠榻榻米的大小,所以当业主有 8 叠大小的需求时,一定要确认清楚。

言归正传,**布局图 B** 的问题在于宽度 1.75 m 的壁橱,壁橱的拉门拉至一侧时,有效宽度在 800 mm 以下,与 910 mm 规格相比,不方便收纳被褥。为此,**改造方案①**将和室进深扩大到 4.0 m,壁橱的横宽扩大到 2.0 m。虽然和室的宽度也可以改成 4.0 m,但为了不增加面积,还用原来的 3.75 m。如果壁龛的横宽和进深都一样,会显得很不协调,因此调整了进深(也有像布局图 A 那样调整装饰横木的方法)。

在**改造方案②**中,壁橱门为双开门,使用起来更加方便。若老年人等使用被褥收纳架,则要特别考虑到这一点。与双扇推拉门相比,双开门的材料薄,壁橱的进深为 750 mm,能宽一点是最好不过了。这样一来,就变成了 3.5 ㎡ 的小型 8 叠和室了。虽然这里没有进行说明,但是当往横宽为 1.0 m 的壁橱里放被褥时,需要将被褥卷起来,因此需要收纳被褥时,请将横宽设计为 1.25 m 以上。

①910 mm 规格是以 910 mm 为标准的设计单位,适合自由设计,一般的木结构住宅都采用这种规格。1 m 规格是以 1000 mm(1 m)为标准的设计单位,适合设计宽广的空间。

改造方案①

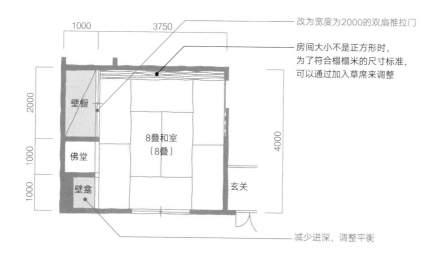

1000　3750

改为宽度为2000的双扇推拉门

房间大小不是正方形时，
为了符合榻榻米的尺寸标准，
可以通过加入草席来调整

2000

壁橱

8叠和室
（8叠）

4000

1000

佛堂

1000

壁龛

玄关

减少进深，调整平衡

改造方案②

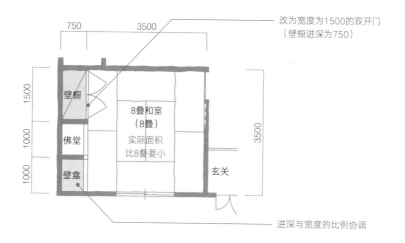

750　3500

改为宽度为1500的双开门
（壁橱进深为750）

1500

壁橱

8叠和室
（8叠）
实际面积
比8叠要小

3500

1000

佛堂

1000

壁龛

玄关

进深与宽度的比例协调

CASE 3

榻榻米铺法
禁忌

 和室可以派上各种用场，真好啊！

 独立的和室也不错，但是估计平时不太会用到，所以能与起居室连起来的和室更方便。

 弄一个榻榻米角也可以，有 4.5 叠的话，关上房门就可以成为一个让妈妈留宿的房间了。

 榻榻米的房间用途广泛，真是方便啊！不过您知道 4.5 叠怎么铺好吗？

 像**布局图 A** 那样铺呢？我觉得把半叠放在中间就可以了。看起来正合适。

 榻榻米的铺法有什么规定吗？我知道**榻榻米的短包边对着壁龛**的"**直刺壁龛**"的铺法不太好。

 和室的规矩好像有很多，除了"直刺壁龛"以外，还有其他什么榻榻米的铺法禁忌吗？

布局图 A

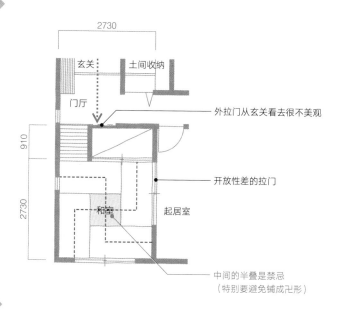

2730

玄关　　土间收纳

门厅

外拉门从玄关看去很不美观

910

2730

和室　　　起居室

开放性差的拉门

中间的半叠是禁忌
（特别要避免铺成卍形）

布局图 B

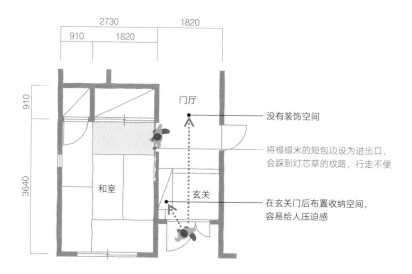

2730　　　1820
910　　1820

910

门厅

没有装饰空间

3640

和室

将榻榻米的短包边设为进出口，
会踩到灯芯草的纹路，行走不便

玄关

在玄关门后布置收纳空间，
容易给人压迫感

半叠周长的榻榻米不能
铺成卍形

　　和室有很多基于传统的规则和约定，因此需要理解这些规定，并将其反映到设计上。榻榻米的铺法分为"祝贺仪式的铺法"和"非祝贺仪式的铺法"。祝贺仪式的铺法是指榻榻米的接缝呈 T 形，非祝贺仪式的铺法是指**榻榻米的角呈十字形（四个角相对）**。现在偶尔能看到特意将四个角铺成十字形的，正确地将榻榻米的四角拼在一起是很难的，因此最好避开非祝贺仪式的铺法。此外，被称为"**直刺壁龛**"的铺法，即榻榻米的短包边对着壁龛的铺法也不可取。原因是观看壁龛时，能看见榻榻米边缘正好在中间，很不美观，由于榻榻米的纹理的关系，在榻榻米上坐着移动膝盖也不方便。

　　那么**布局图 A** 如何呢？榻榻米没有四角相对，在 4.5 叠的铺法中，中间的半叠作为切腹叠（切腹自杀）而被人忌讳。此外，周围的榻榻米铺成卍形，被认为是特别不好的，要引起注意。那么半叠放在哪里好呢？也有避开"鬼门线"这种考虑，所以最好像**布局图 A 的处方**那样，放在右下方。

　　接下来看一下**布局图 B**。按照壁橱的尺寸，榻榻米铺得很漂亮。没有什么特殊的问题，就是进出口的榻榻米的铺法需要再考虑一下。**榻榻米的短边没有包边，从榻榻米的纹理来看，出入时容易损坏榻榻米，人也容易绊倒**。这个时候，对壁橱进行左右调换就可以了，再像**布局图 B 的处方**那样，统一壁橱门的样式，墙壁也会显得很漂亮。在 4.5 叠的茶室里，半叠被放在中间。此外，4.5 叠的下座床[1]和 8 叠的和室有"直刺壁龛"也没有关系。

①下座床为茶室用语，指进出口在壁龛旁边。

布局图 A 的处方

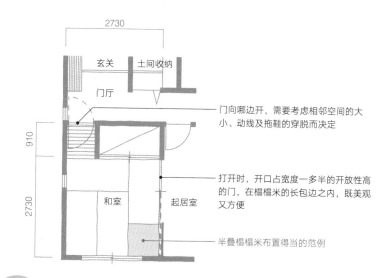

2730

玄关　土间收纳

门厅

910

2730

和室　　起居室

门向哪边开，需要考虑相邻空间的大小、动线及拖鞋的穿脱而决定

打开时，开口占宽度一多半的开放性高的门，在榻榻米的长包边之内，既美观又方便

半叠榻榻米布置得当的范例

布局图 B 的处方

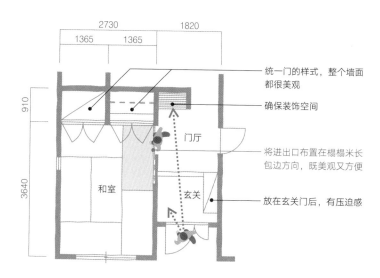

2730　　　　1820

1365　　1365

910

3640

和室　　门厅

玄关

统一门的样式，整个墙面都很美观

确保装饰空间

将进出口布置在榻榻米长包边方向，既美观又方便

放在玄关门后，有压迫感

不能与起居室合用的和室

据说这个布局图的理念是"可以合家欢聚的住宅""和室可与LDK连用的住宅"。

打开拉门，确实是连在一起的，但是**没有一体感**。

和室是 6 叠，从走廊也可以进入，所以写成"可以用作客厅的、多用途的和室住宅"更贴切。

这个布局图，**和室和起居室分离**，很难合起来使用。但是起居室仅有 5.5 叠，有点窄，只能放双人沙发。

是啊，起居室加餐厅才算是宽敞一点。和室是备用的吗？或许**平时用不到啊**！

那也太可惜了吧！可能的话，能全家人一起热热闹闹生活的LDK 与和室最理想呢！

将起居室、餐厅及和室巧妙地组合在一起，构成一个用途广泛的布局就好了。

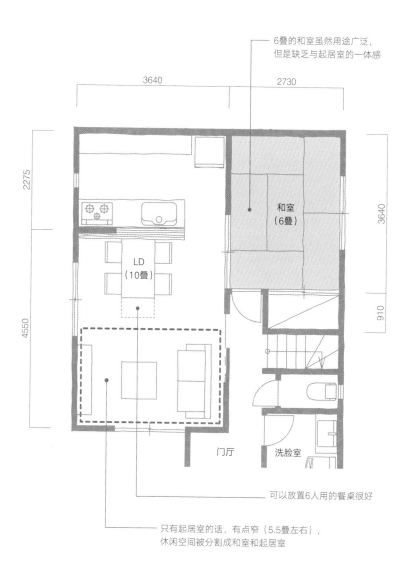

6叠的和室虽然用途广泛，但是缺乏与起居室的一体感

3640

2730

2275

3640

910

4550

和室
（6叠）

LD
（10叠）

门厅

洗脸室

可以放置6人用的餐桌很好

只有起居室的话，有点窄（5.5叠左右），休闲空间被分割成和室和起居室

将和室布置在可以弥补
空间不足的位置上

进入玄关，左面是和室，右面是 LDK 的布局被称为黄金布局，曾经在房地产销售中红极一时。但是，如今独立和室的需求锐减，即使有和室，大多也是与起居室（餐厅）连接的布局。而且，和室的使用方法发生了巨大的变化。使用频度低的和室不是放在日常生活空间的外部，而是放在内部，使房间看起来更大，并兼顾补全起居室的功能。

在**布局图 A** 中，左侧区域的 LDK 连在一起布置，和室被布置在右侧区域。由于隔着厨房，和室与起居室的连续性被削弱，而且起居室大小不够，因此，即使想把和室加入休闲空间中，休闲空间也很可能被分割成起居室和和室两部分。从走廊可以直接进入和室，将和室作为客厅使用很方便，但是在日常生活使用上留下了难题。

在**布局图 A 的处方**中，将设计重点放在了和室和起居室的一体利用上，并重视两者的连续性。和室里铺上褥子，可以睡下两个人。起居室可以容纳一家四口聚在一起。和室可以隔开使用，如果加高 300 ～ 450 mm，就可以成为一个很好的空间点缀。原本从走廊直接进入起居室会更好，但是考虑到电视柜的摆放，无奈只能改成从厨房进入。

原计划是把和室与 LDK 连为一体，但由于布置不当，并不方便使用，而且也没有达到视觉上宽广的效果，这样的案例并不少见。因此重要的是，在保证各个空间的最低限度大小的同时，将和室布置在能够弥补空间不足的位置上。

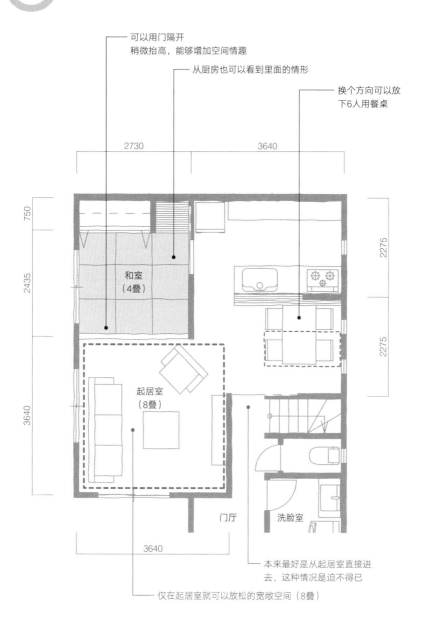

可以用门隔开
稍微抬高，能够增加空间情趣

从厨房也可以看到里面的情形

换个方向可以放
下6人用餐桌

2730　　3640

750

2435

2275

2275

3640

和室
（4叠）

起居室
（8叠）

3640

门厅

洗脸室

本来最好是从起居室直接进
去，这种情况是迫不得已

仅在起居室就可以放松的宽敞空间（8叠）

透过壁龛能听见厕所的声音

 起居室和用水系统的位置关系真让人苦恼啊!

经常能看到用水系统集中在和室壁橱后面的布局。

 感觉又近又好用,很方便呀!

布局图 A 和 B 也是这样的,用水系统集中在客厅后面。客厅都隔着壁龛,与用水系统相连,没有漏音的担忧吗?

 壁龛不是房间,只有一堵墙,肯定会漏音的。

是啊,厕所的冲水声音是很大的。**布局图 B** 是与洗脸室相连,会是什么样的呢?

 我们家女人多,泡澡时间长,晚上也要用到很晚。吹风机和洗衣机的声音也成问题。

我本想把那里作为母亲的卧室,这么一来,会造成麻烦的。

 有没有什么简单的对策呢?

布局图 A

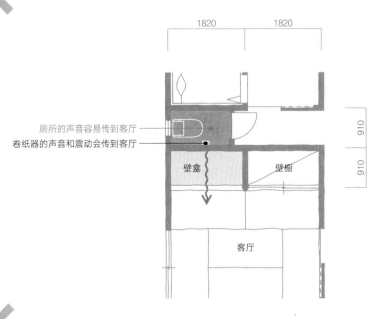

厕所的声音容易传到客厅

卷纸器的声音和震动会传到客厅

1820 1820

910

910

壁龛

壁橱

客厅

布局图 B

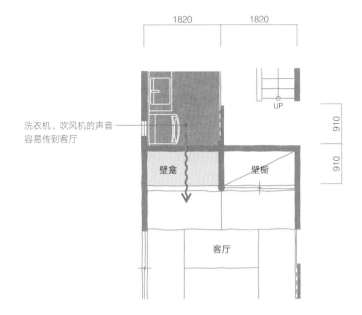

洗衣机、吹风机的声音
容易传到客厅

1820 1820

UP

910

910

壁龛

壁橱

客厅

用水系统的声音用隔音墙隔断

这次的布局图，客厅与用水系统的位置关系有问题。客厅除了用于接待客人、做法事等以外，还有可能用于留宿父母。

在**布局图 A** 中，壁龛和厕所的位置关系是一个问题。由于视线和漏音问题，厕所是最应该被注意的地方。特别是一楼的厕所，客人也要用，因此请不要仅用一面间隔墙隔开。配置了卷纸器的墙壁会把声音传过来，因此不可取。

在**布局图 B** 中壁龛与洗脸室相邻。白天洗脸室虽然没有厕所使用频繁，但早晚用的时间较长。特别是晚上准备洗澡，以及之后用吹风机等会发出声音。如今，受双职工及在室内晾衣服等影响，很多家庭都是在晚上洗衣服，洗衣机的声音会持续很长时间。这种空间也要避免用一面间隔墙隔开。与老人同住时，包括孩子在内的祖孙三代的生活时间大不相同，日常的生活噪声很可能成为争吵的原因。

在**布局图 A 的处方**里，将壁橱与壁龛的位置进行了调换。如果在壁橱里放上被褥，或许可以期待隔音效果，如果没有效果，就请把间隔墙改成隔音墙。此时，壁龛的位置与一般的位置不同，所以要提前跟业主说明。此外，床柱是圆柱时，拉门如果超过了圆柱的中心线，圆柱看起来就不美观，所以请将其改成方柱。卷纸器也要改到浴室一侧。如果不改变原设计，就得像**布局图 B 的处方**那样，把壁龛的墙壁改成隔音效果较好的墙壁，或者调整壁龛的进深，改成双重墙壁。

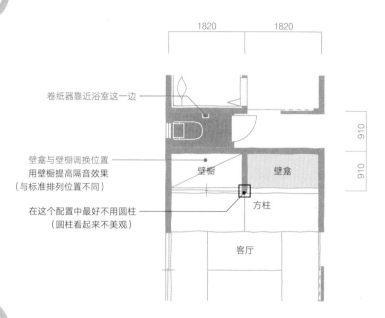

卷纸器靠近浴室这一边

壁龛与壁橱调换位置
用壁橱提高隔音效果
（与标准排列位置不同）

在这个配置中最好不用圆柱
（圆柱看起来不美观）

1820　1820

910

910

壁橱　　　壁龛

方柱

客厅

布局图 B 的处方

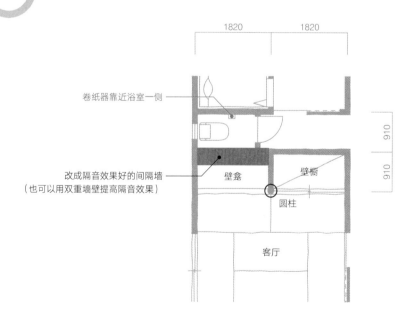

卷纸器靠近浴室一侧

改成隔音效果好的间隔墙
（也可以用双重墙壁提高隔音效果）

1820　1820

910

910

壁龛　　　壁橱

圆柱

客厅

主题

顺畅的家务导线与宽裕的和室规划

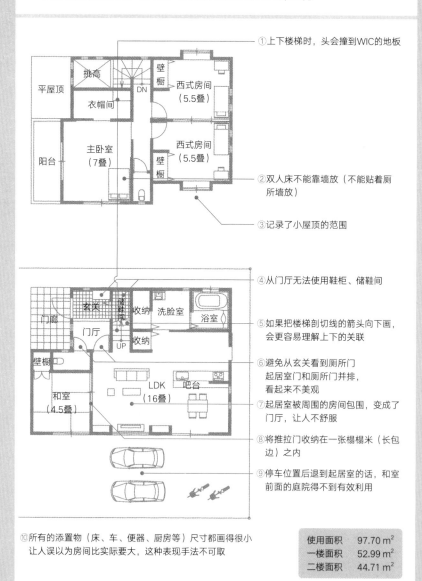

① 上下楼梯时，头会撞到WIC的地板

② 双人床不能靠墙放（不能贴着厕所墙放）

③ 记录了小屋顶的范围

④ 从门厅无法使用鞋柜、储鞋间

⑤ 如果把楼梯剖切线的箭头向下画，会更容易理解上下的关联

⑥ 避免从玄关看到厕所门 起居室门和厕所门并排，看起来不美观

⑦ 起居室被周围的房间包围，变成了门厅，让人不舒服

⑧ 将推拉门收纳在一张榻榻米（长包边）之内

⑨ 停车位置后退到起居室的话，和室前面的庭院得不到有效利用

⑩ 所有的添置物（床、车、便器、厨房等）尺寸都画得很小 让人误以为房间比实际要大，这种表现手法不可取

使用面积	97.70 m²
一楼面积	52.99 m²
二楼面积	44.71 m²

04

L·D·K

CASE 1
打开起居室门迎面就是厨房

你觉得一打开起居室门就是厨房的布局怎么样？

嗯，因为不是随时都能收拾得很干净，所以我不喜欢。特别是开放式厨房，展露得太多，让人很为难。

来客人时，打开门，厨房便一览无余……不过现在像家具一样漂亮的厨房，好像越来越多了。

是吗？或许对那些人来说这样就可以吧！

这个方案，门厅太窄了吧！虽然宽敞的土间收纳让人很满意，但是玄关与土间收纳不协调。

没有从门厅可以使用的鞋柜，洗澡后也不想经过门厅。

对，土间收纳可以再小一点，所以或许有很多地方可以改善。

我虽然希望从起居室进入 LDK，但是门厅、鞋柜、洗澡后的动线等问题太多了……就不能想想办法吗？

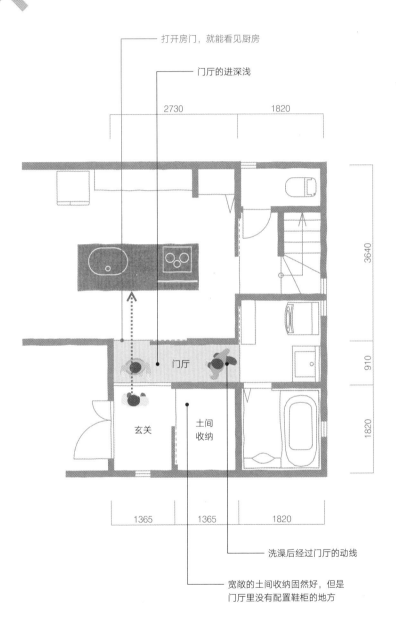

打开房门，就能看见厨房

门厅的进深浅

2730　　　　　1820

3640

门厅

910

玄关　　　土间收纳

1820

1365　　　1365　　　1820

洗澡后经过门厅的动线

宽敞的土间收纳固然好，但是门厅里没有配置鞋柜的地方

设计动线、视线、收纳空间，使厨房更有魅力

进入起居室门后，眼前就是厨房，这种布局是好还是坏呢？以前厨房是要隐藏起来的地方，现在却变成了要展示出来的场所。但是，玄关正面就是起居室门会是什么样呢？每次进出，从玄关都能看见整个房间。这绝不是让人愉快的布局。因此玄关的正面最好不设门，而是设置能作为装饰空间的墙壁。

接下来是门厅和玄关的平衡。门厅的进深为可接待来客的尺寸加上通道的宽度，推荐在 1365 mm 以上。由于这里是通行频繁的场所，所以感觉 910 mm 很窄。玄关虽然很宽敞，但是没有充分利用南端的空间。也找不到安放鞋柜的地方。

在**布局图 A 的处方**中，首先缩小并移动土间收纳，将门厅改成宽裕的尺寸。虽然玄关进深为 910 mm，但是通过将其改成 L 形，让人感受到了进深和宽度。这样一来，就可以配置从玄关或门厅都可以用的鞋柜。如果是柜台式的，还可以装饰空间。从玄关也看不到厨房了。

接下来考虑将洗脸室的动线改成从楼梯走廊进出，这样可以保护隐私。将洗衣机前面的收纳空间移到了洗脸台的前面。将厨房设计成了被高度为 1.2 m 左右的半腰围墙包围的样式。这样既看不见手头动作，也看不见洗碗槽的里面。

位于 LDK 进出口的厨房布局，可以说不适合不善于收拾的人。保持美观大方有魅力，必须下各种功夫。

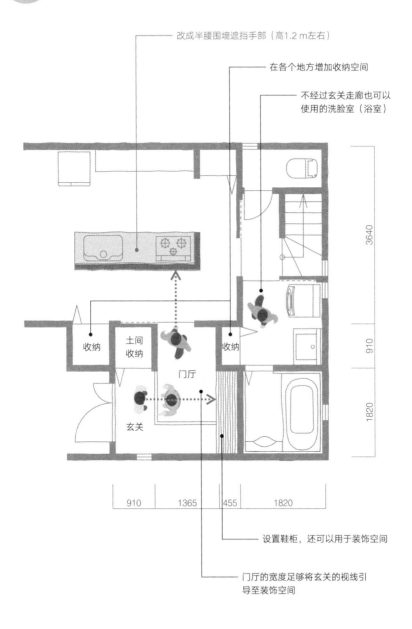

改成半腰围墙遮挡手部（高1.2 m左右）

在各个地方增加收纳空间

不经过玄关走廊也可以使用的洗脸室（浴室）

收纳

土间收纳

门厅

收纳

玄关

3640

910

1820

910   1365   455   1820

设置鞋柜，还可以用于装饰空间

门厅的宽度足够将玄关的视线引导至装饰空间

 像**布局图 A** 那样，可以自由往来于厨房和洗脸室的家务动线很方便。

是啊，这扇门真令人高兴。做家务的效率也提高了呢！

 但是，用洗脸室或浴室时，一定要经过厨房，你觉得怎么样？而且路线还有点曲折。

的确让人担心，有什么好的改造方案吗？

 如果像**布局图 B** 那样，将楼梯调换过来，就可以从走廊进入浴室，你觉得呢？

真的呢！如果对二楼没有影响的话，还是这样好。而且从厨房进出的动线也还保留着。

 但是，洗脸室没有收纳空间。而且，冰箱也在最里面，或许从餐厅用起来不方便。

 虽然想优先考虑家务动线，但是洗脸室的收纳空间、冰箱的布置也很重要。有没有什么好方法呢？

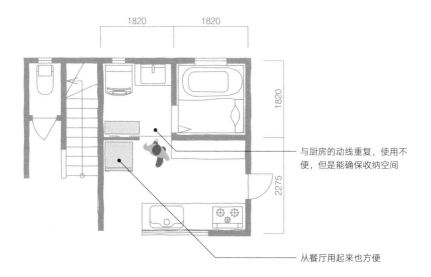

与厨房的动线重复，使用不
便，但是能确保收纳空间

从餐厅用起来也方便

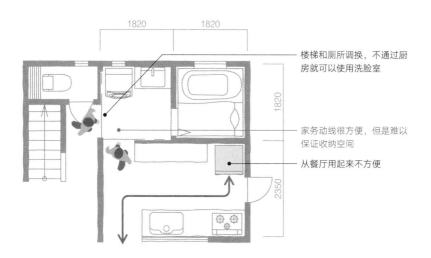

楼梯和厕所调换，不通过厨
房就可以使用洗脸室

家务动线很方便，但是难以
保证收纳空间

从餐厅用起来不方便

按照收纳＞家务动线的 优先顺序考虑

　　增加从厨房到洗脸室的动线，洗脸室的收纳量会减少。便利性和收纳量很难两全，但是如果不收拾洗脸室和厨房，会导致家务效率低，因此确保各种收纳空间很重要。

　　如果将布局图 A 改成 B，洗脸室的收纳空间就没有了。在布局图 A 中，进入浴室的动线与家务动线重叠，打造出了收纳空间。在布局图 B 中，由于改变了门的位置，就做不到这一点。在布局图 A 中，冰箱被放在了方便使用的位置，而在布局图 B 中，则是放在煤气灶的后方。虽然也可以放在洗碗槽的后方，但估计是考虑到通道的宽度，才断定那样比较好吧！冰箱是除了从厨房使用以外，还会从别处需要用到的家电，使用频率很高，因此离餐厅远的话会很不方便。

　　改造方案①以布局图 B 为基础，将冰箱与碗柜的前面对齐。由此，洗脸室里就诞生了一个利用各种进深差的 300 mm 左右的收纳空间。厨房也给人非常干净整洁的印象。

　　改造方案②将厨房的位置移动，使通道靠近墙边，调整了冰箱的位置，方便从餐厅使用冰箱。收纳空间、家务动线和冰箱用起来都很便利。用外墙的开口部分代替厨房门，安装一个大落地窗会怎样呢？总给人有点阴暗潮湿印象的厨房，一下子变得明亮、开阔起来，与 LD 的连续性也增强了。如果想从煤气灶一侧去走廊，也可以在那里安一个门。

改造方案①

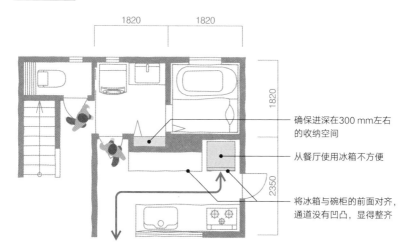

确保进深在300 mm左右的收纳空间

从餐厅使用冰箱不方便

将冰箱与碗柜的前面对齐，通道没有凹凸，显得整齐

改造方案②

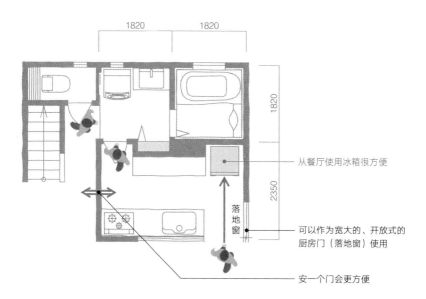

从餐厅使用冰箱很方便

落地窗

可以作为宽大的、开放式的厨房门（落地窗）使用

安一个门会更方便

 布局图 A 是比较常见的布局，但是楼梯下部的收纳门很矮，不太好用，感觉收纳起来很不方便。

的确如此。它属于外面窄、里面宽的类型。但是也没办法。如果能作为外部收纳空间使用就好了，不过好像也不太方便。

 除此之外都没有问题。冰箱用起来也很方便，收纳也很充足，不过，如果想要楼梯下部的收纳空间也便于使用，应该怎么改变布局呢？

是啊，收纳门前面不能放东西，所以如果作为厨房门，效率会很高吧？

 真的呢。虽然厨房收纳量减少了，但是因为楼梯下面的收纳空间增加了，所以也没关系。

而且，如果像**布局图 B**那样，设计成带土间的厨房门，可以在室内脱鞋，下雨天非常方便。

 不过，**从起居室能看到厨房门，很讨厌。**

 虽然这是常见的布局，但我还是想思考一下各种样式的优缺点啊！

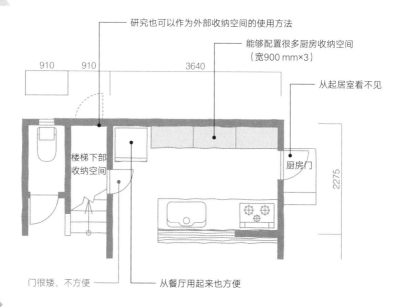

研究也可以作为外部收纳空间的使用方法

能够配置很多厨房收纳空间
（宽900 mm×3）

从起居室看不见

910 910 3640

楼梯下部
收纳空间

厨房门

2275

门很矮，不方便

从餐厅用起来也方便

布局图 B

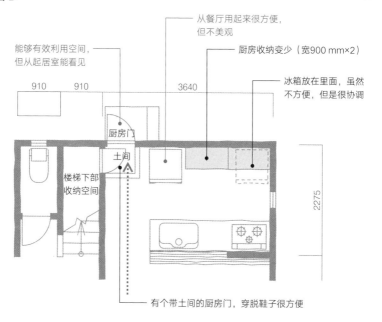

从餐厅用起来很方便，
但不美观

能够有效利用空间，
但从起居室能看见

厨房收纳变少（宽900 mm×2）

冰箱放在里面，虽然
不方便，但是很协调

910 910 3640

厨房门

土间

楼梯下部
收纳空间

2275

有个带土间的厨房门，穿脱鞋子很方便

厨房门隐藏在墙后

布局图 A 是最标准的开放式厨房的布局，也是很难处理楼梯下部收纳空间的布局。**布局图 A** 的缺点是楼梯下部的收纳空间用起来不方便，**布局图 B** 对此进行了改善。由于收纳门的前面不能放东西，所以改变了冰箱的位置。如果将冰箱放在洗碗槽的后面，过道会变窄，而且也不好看；但是放在煤气灶的后面，从起居室用起来又不方便。厨房收纳空间也会减少。而且在**布局图 A** 中，隐藏在煤气灶前面墙壁中的厨房门，很容易从起居室看到。厨房门没有创意，从它的用途来看，最好放在从起居室等接待客人或从休息的空间看不到的地方。在**布局图 C** 中，将楼梯下部设计为放置冰箱的场所。开口加大，光线变亮，通风也得到改善，但是由于不能使用楼梯下部的空间，所以收纳量减少。在**布局图 D** 中，将厨房移位，在通道上开了一个大窗户。与**布局图 A** 相比，厨房的收纳量减少，楼梯下部的收纳空间使用方便，从厨房门看不到里面，从餐厅到冰箱也方便。这个布局图有个缺点，就是到厨房的动线太长。

综上所述，普通的布局也有很多种样式。将各个布局图用下表的标准评价一下会怎么样呢？

	冰箱布置	厨房收纳	楼梯下部收纳	厨房门布置	厨房动线
A	◎	◎	△	○	○
B	△	○	◎	×	○
C	○	◎	×	○	○
D	◎	○	○	○	△

还可以加入亮度、通风等核查项目。各项目的分数通过优先顺序决定。

虽然离厨房有点远，但是便于从餐厅使用

可以放很多厨房收纳用品
（宽度900 mm×3）

从起居室很难看见

910　910　3640

2275

厨房门

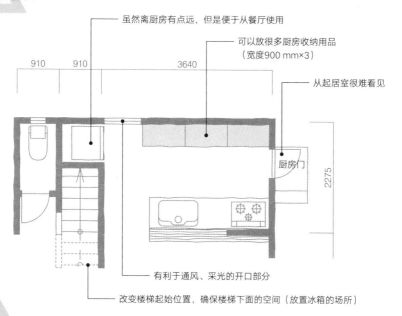

有利于通风、采光的开口部分

改变楼梯起始位置，确保楼梯下面的空间（放置冰箱的场所）

布局图 D

与布局图B一样，但是从起居室很难看到厨房门

厨房收纳（宽900 mm×2）

从餐厅也可以轻松
使用的布置

910　910　3640

厨房门

楼梯下部
收纳空间

厨房的动线变长

2275

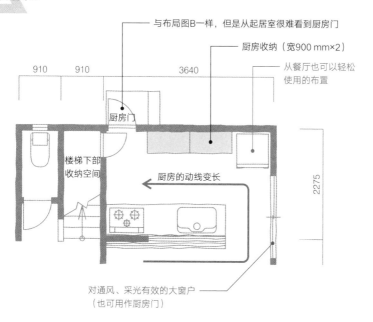

对通风、采光有效的大窗户
（也可用作厨房门）

CASE 4

4人用的餐桌坐不下客人

 你使用几人用的餐桌？

 我们家5口人，所以用的是4人用的，宽1.35 m。孩子还小，所以还有富余，但是终究会不够用的。

 我家也是4人用的，宽1.5 m，坐起来还比较宽松。但是跟父母一起吃饭就有点挤了。

 那可太遗憾了。我们家人聚在一起的话，一般都是去外面吃，或者站着吃……已经放弃了。

 这个布局怎么样？放的是4人用的餐桌，看上去放不下6人用的餐桌。

 是的。而且并不是只有吃饭的时候才使用餐桌，孩子写作业时，我用电脑时等，都会用到，所以还是大一点的好。

 可以买个大的餐桌替换，但是没有放的地方，就没有办法了。

好想了解6人用的餐桌尺寸，还有放置这种餐桌时所需要的通道尺寸啊！

3640

2275

4550

2275

≒650

可以使用4人用的餐桌（宽1350 mm），如果放置6人用的餐桌，就无法保证通道的空间

3640

2275

4550

2275

≒600

800

≒600

虽然可以改变桌子的方向，但是椅子从后面很难通过

将 6 人用餐桌和收纳空间作为一体来规划餐厅

随着电脑和智能手机等的普及，以大屏幕电视为中心，全家人聚在一起的起居室风景，在不断地发生变化。于是，随着家庭生活方式的多样化，餐厅也不仅仅是吃饭的地方，它作为家人聚集的场所（family room）的作用日益增强。不能因为是四口之家，就以 4 人用餐桌考虑布局，为了方便父母或客人轻松用餐，以 6 人用餐桌为标准进行设计，更能获得青睐。

在**布局图 A** 中，餐厅和起居室区域相互独立，具有无法相互补充的特点。这个空间只能放 4 人用餐桌。虽然如果改变餐桌方向，大家都可以坐下，但是无论是从椅子后面经过还是上菜，都很别扭。

在**处方**中，只是将餐厅的进深扩大了 455 mm，在这个空间，放 6 人用餐桌完全没有问题。而且，因为餐桌还可能用于写作业、用电脑等，所以最好在餐厅空间里设计一个收纳空间。这样收拾餐桌会变得容易，准备饭菜时也不会耽误事。如果在餐厅与起居室之间安装一扇门，突然来客人时，也方便采取相应措施。

餐桌宽 800 mm，如果短边一侧也坐人，就是 900 mm。在长度上，4 人用的长度是 1.35 m(推荐 1.5 m)，6 人用的是 1.8 m。拉出椅子后的尺寸是 0.6 m（带扶手的为 0.75 m）。根据餐桌桌腿的规格，有些餐桌可能不需要这么大的尺寸。

4 条腿的餐桌规格，短边一侧也可以坐人，6 个人吃饭有点困难，但是喝茶还是很轻松的。为了使餐厅起到家人聚集的场所的作用，推荐将 6 人用餐桌的空间和收纳空间作为一体来规划。

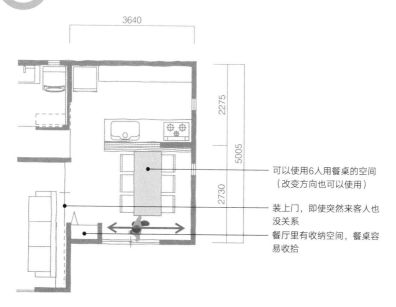

3640

2275

5005

2730

可以使用6人用餐桌的空间
（改变方向也可以使用）

装上门，即使突然来客人也
没关系

餐厅里有收纳空间，餐桌容
易收拾

不同规格餐桌桌腿的特征

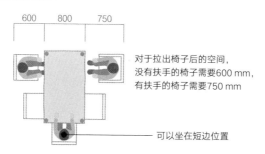

600 800 750

对于拉出椅子后的空间，
没有扶手的椅子需要600 mm，
有扶手的椅子需要750 mm

可以坐在短边位置

使用 4 条腿的餐桌时

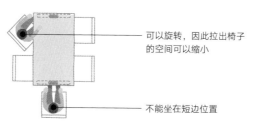

可以旋转，因此拉出椅子
的空间可以缩小

不能坐在短边位置

使用两条腿的餐桌时

C A S E 5

人来人往的起居室无法让人静心

LDK 宽敞明亮，旁边再有一个和室就理想了。

和室在关键时刻可以用推拉门隔开，其他时间，要是能当作一个房间使用就好了。

LDK 与和室，你想优先选哪一个？

还是起居室吧！我想把阳光最好、空间最宽敞的地方让给起居室。

布局图 A 怎么样？不觉得起居室小吗？

真的呢！起居室被厨房与和室夹在中间，很狭窄，让人静不下心来。连放电视的地方都没有。

虽然我会优先选择和室，但是这个起居室不太好。而且和室也没有可以作为独立房间使用的大小。

我觉得要么下定决心不要榻榻米，全部改成地板，要么全部改为榻榻米起居室会更好。

可是我还想要和室。餐厅貌似很宽敞，不能有效利用这个空间吗？

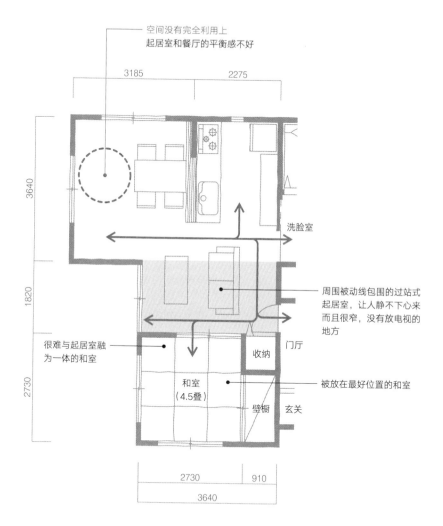

空间没有完全利用上
起居室和餐厅的平衡感不好

3185　　　　2275

3640

1820

2730

洗脸室

周围被动线包围的过站式
起居室，让人静不下心来
而且很窄，没有放电视的
地方

很难与起居室融
为一体的和室

门厅

收纳

和室
（4.5叠）

玄关

壁橱

被放在最好位置的和室

2730　　　910

3640

最好把起居室放在房间的尽头

　　将 LDK 与起居室连起来用的布局，一般是将和室与起居室横向连接，或者将和室连接在起居室的南边。当和室被布置在起居室南面时，起居室会变暗，如果动线不好，沙发和电视的位置可能也很难确定。但是这样设计也有好处，就是打开与和室之间的隔扇后，可以作为很多人聚在一起的场所，用起来很方便。

　　在**布局图 A**中，起居室的南面与和室相连。跟和室和餐厅的宽度相比，起居室只能放下双人沙发，连电视都没地方放，这简直就是一个门厅（经停站）。虽然很多人青睐和室，但是也可以说它是一种效率非常低的布局。这样的话，不如取消和室，将其改成铺地板的起居室。或者在起居室铺上榻榻米，使其具有和室的功能，这样最好。

　　因此在**布局图 A 的处方**中，首先将阳光最好、没人通行（没有动线）的安静的地方作为起居室（终点站）。起居室的北侧是餐厅，和室和厨房并列布置。和室和厨房的位置可以调换，但是根据日常使用的厨房环境及厨房与餐厅连接起来比较好等特点，将厨房放在西侧。如果和室不需要独立性，厨房可以是开放式的。跟**布局图 A** 相比，和室稍微有点窄，但是壁橱和收纳空间没有变化，确保了和室有 10 叠左右的大小，而且起居室、餐厅使用起来也方便。

　　LDK 与和室的组合有多种样式。虽然根据各种要求进行设计很重要，但是要注意的是，不要因为设计要素过多而导致无法使用的空间增多。

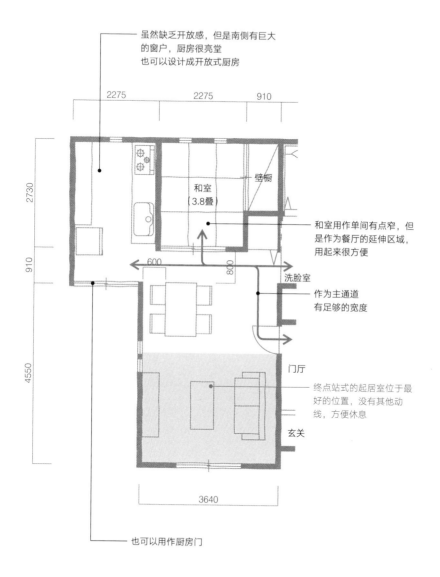

虽然缺乏开放感，但是南侧有巨大
的窗户，厨房很亮堂
也可以设计成开放式厨房

2275 　　2275 　　910

2730

910

4550

和室
（3.8叠）

壁橱

600

800

和室用作单间有点窄，但
是作为餐厅的延伸区域，
用起来很方便

洗脸室

作为主通道
有足够的宽度

门厅

终点站式的起居室位于最
好的位置，没有其他动
线，方便休息

玄关

3640

也可以用作厨房门

从玄关经过厕所和厨房才能进入的起居室

这个地方西边是马路，停两台车有点挤。

是的。太近了，门廊的台阶都快成轮挡器了。

这个布局，要从玄关经过厕所前的门厅，再经过厨房旁边，才能进入起居室。不仅远，而且还在不想经过的地方转了一圈。

最好是从玄关直接进入起居室，但是好像很难，经过厨房再进入起居室也很讨厌。

把玄关移到前面，再打造一个门厅，会怎么样呢？

那可不行。打开玄关门时会碰到车，门廊也会碍事。如果是一辆车就好了。汽车是有增无减啊！

租停车场要花钱，所以我想停在自家院子里，有什么办法吗？

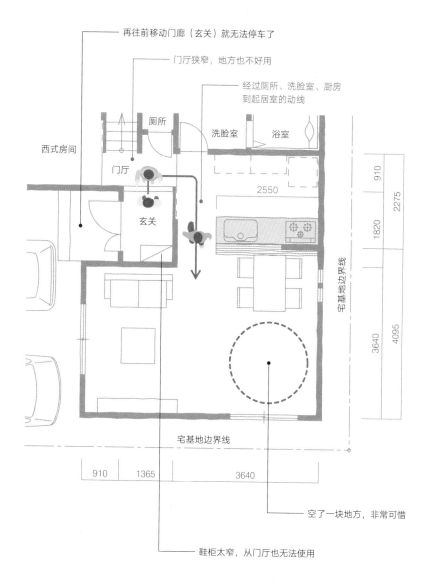

再往前移动门廊（玄关）就无法停车了

门厅狭窄，地方也不好用

经过厕所、洗脸室、厨房到起居室的动线

厕所

洗脸室　浴室

西式房间

门厅

玄关

910

2550

2275

1820

2550

宅基地边界线

3640

4095

宅基地边界线

910　1365　3640

空了一块地方，非常可惜

鞋柜太窄，从门厅也无法使用

将厨房由横向改成纵向
能多出空间

从起居室进入 LDK 是最理想的，但是根据空间布局情况，从餐厅进入起居室也是无奈之举。像这样，经过厕所、洗脸室、厨房旁边再进入起居室，通常是不能想象的。从不想看、不想让人看的地方进入起居室，是一定要避免的。此外，不能从门厅使用鞋柜，收纳量少，餐厅南侧的空间没有被充分利用等，也是需要改进的地方。

在**布局图 A 的处方**中，首先从设置与玄关相对的门厅开始考虑。玄关无法再向前移动，因此只能把原方案的开放式厨房的通道作为门厅使用。但是不改变开放式厨房的话，就形成了经过厨房的起居室动线，所以要将厨房改成纵向。与开放式厨房的设备宽度（2.55 m）相比，处方中的厨房进深（2.275 m）更浅一些，使门厅成为可能。玄关空间变大，给客人的感觉也截然不同。鞋柜的收纳量增加，收拾起来也方便，玄关正面的墙壁也可以用于装饰。不要一直想着开放式厨房，重要的是拥有各种变化形式的备用方案。

处方通过确保洗脸室的通道，使得从门厅通过洗脸室、厨房后，可以进入餐厅，即所谓的考虑到家务动线的布局。餐厅可以放 6 人用餐桌，所以没有问题。

LDK 是以从起居室进入为前提的，因此请用招待客人的意识设计到起居室的动线吧！

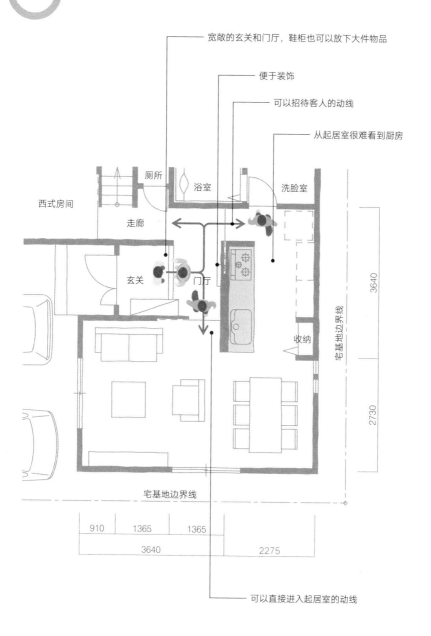

宽敞的玄关和门厅，鞋柜也可以放下大件物品

便于装饰

可以招待客人的动线

从起居室很难看到厨房

西式房间

厕所

浴室

洗脸室

走廊

玄关

门厅

收纳

宅基地边界线

3640

2730

宅基地边界线

910　1365　1365

3640　　2275

可以直接进入起居室的动线

总能看见多余的东西，无法让人放松的沙发

玄关门厅有起居室门，真是又近又方便。

可不要一直开着门哦，不然能从玄关看到里面。

就是说招呼客人时，门如果是开着的，起居室就曝光了。因为别人家总是很让人好奇。

那样的话，移动门的位置会好一点吗？但这样做的话，进入起居室就得经过厕所门口。

或许是有利必有弊啊！不过，先不管厕所门，沙发可以这样放吗？感觉人坐在那里放松不起来呀！

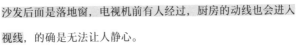

沙发后面是落地窗，电视机前有人经过，厨房的动线也会进入视线，的确是无法让人静心。

从门厅可以直接进入起居室倒不错，但是闹哄哄的起居室可不行。怎样才能使起居室成为轻松舒适的空间呢？

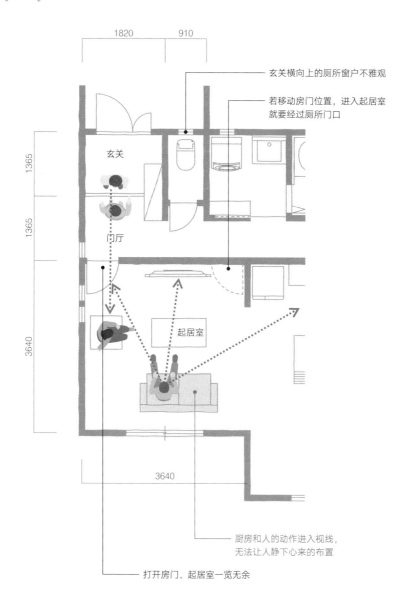

1820　910

玄关横向上的厕所窗户不雅观

若移动房门位置，进入起居室
就要经过厕所门口

1365

玄关

1365

门厅

3640

起居室

3640

厨房和人的动作进入视线，
无法让人静下心来的布置

打开房门，起居室一览无余

不想给沙发上的人看到，可以控制视线

比起从玄关经过长长的走廊进入起居室，从玄关直接进入起居室的布局更加便利。但是这个布局有以下问题：①玄关正面的起居室门、玄关没有可以装饰的地方；②沙发的放置。

关于①，要尽量避免设置访客能看见屋子里面的门。玄关正面不要设置门，最好设置能作为装饰空间使用的墙壁。移动房门，就可以经过厕所进入起居室，或许这个方法也不错。这还可以确保玄关正面的装饰空间（鞋柜为柜台式，可以代替装饰空间，但是还要具备相应的收纳量，或许有点难）。

关于②，请想象一下坐在沙发上能看见什么。除了电视画面以外，还能看见进出起居室的人、经过电视机前面的人的动作，如果视线稍微向右偏移，甚至连冰箱和碗柜都能看见。如果想把起居室作为招待客人的场所，应该再控制一下视线。

在**布局图 A 的处方**中，首先调换了厕所与玄关的位置。这样一来，就不用在意厕所窗户了。将起居室门从玄关正面移除，能够确保玄关正面的装饰空间。请考虑在不妨碍通行的前提下安装饰架、贴瓷砖等。接下来改变沙发和电视的位置。移动沙发，控制看向厨房的视线，而且也不会让人再注意到出入起居室的人。人也不会在电视机前面走来走去。想要起居室舒适，就要设计终点站式的起居室，同时也需要控制视线，不想给人看见的东西，就不要让人看见。

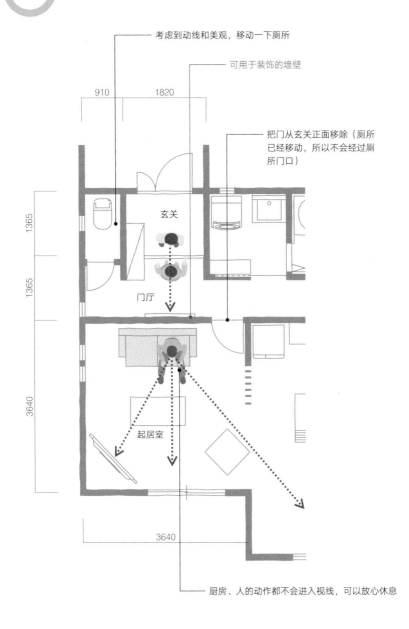

考虑到动线和美观，移动一下厕所

可用于装饰的墙壁

把门从玄关正面移除（厕所已经移动，所以不会经过厕所门口）

910

1820

1365

1365

玄关

门厅

3640

起居室

3640

厨房、人的动作都不会进入视线，可以放心休息

CASE 8

朝南却没有阳光的庭院和起居室

 房子建在宅基地的南侧，不知道庭院和起居室的阳光怎么样？

 你是担心被笼罩在房子的阴影里吗？

 是啊！房间布局图 A 的话，南边有个 3 米左右深的院子。

 是的。夏天与冬天太阳的角度不同，在不同的季节和时间段，日照应该差很多吧！

 夏天肯定会很明亮，春秋天不知道会怎么样？我对冬天已经不抱希望了。

 洗完的衣服怎么办？你喜欢的园艺呢？

 可能的话，想把衣服晾在院子里，也想种些花草。但比起这些，我更讨厌阴暗的庭院。

 布置在南边的起居和餐厅，包括前面的庭院，如果能在春秋季也很明亮就好了……

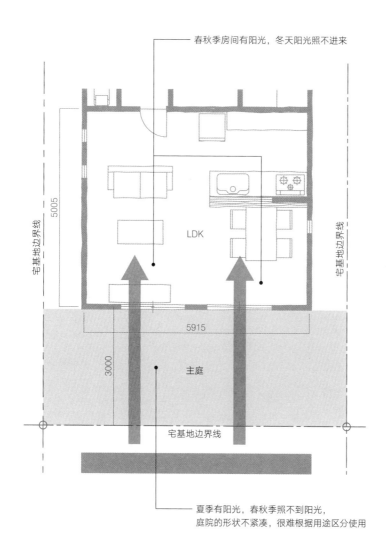

春秋季房间有阳光，冬天阳光照不进来

宅基地边界线

5005

LDK

5915

宅基地边界线

3000

主庭

宅基地边界线

夏季有阳光，春秋季照不到阳光，
庭院的形状不紧凑，很难根据用途区分使用

起居室设置在离边界线
5 m 的地方

　　根据建筑用地的状况考虑阳光和视野，一般将条件最好的场所用作家人聚集的地方。如果重视阳光（亮度），还是布置在南面为好。如果是北侧临近道路的狭窄用地，把一楼南面设计为起居室的话，其结果是除了盛夏以外没有阳光，离自家落地窗只有2 m 之遥的邻居家的厕所、浴室窗户也很碍眼。这样的例子比比皆是。

　　用日影图比较花费时间，所以就用右边的资料来预测一下日照吧！东京正午时分的太阳高度，夏至约为78 度，春秋分为55 度，冬至为32 度。**布局图 A** 离宅基地边界线有3 m，所以夏季的正午时分，院子里有日照。春秋季阳光会照进屋子里，而不是院子里。冬季只能照到二楼。若雪子想要能晾衣服的明亮的庭院，要根据这些需求，思考改造方案。

　　布局图 A 的处方，在停车场的布置上下功夫，使建筑物雁行[①]，餐厅离边界线2.1 m，起居室离边界线5.0 m。虽然不能期待餐厅南侧有日照，但是从西侧的窗户，可以欣赏起居室前明亮的庭院。如果改为落地窗，出入也方便。靠近起居室的庭院的一部分，即使春秋季日照也非常好；室内的话，在冬至前都有阳光照来。像这样，比起整体都均等地远离边界线，使一部分（推荐用地的一半以上的距离）远离边界线，庭院设置会更容易，空间也更便于使用。当然室内的日照也会变好，想要遮挡日照时，可以安装遮阳棚。

　　但是，上午受建筑物形状变成雁行的影响，以及自己房屋的影响，庭院会有阴影。请注意阴影的原因，不全是周边人家造成的。

①雁行是指模仿大雁变成桨状飞行的样子。在建筑设计中，为了采光和通风，将建筑物或各住户错开布置的方法叫作雁行。

布局图 A 的处方

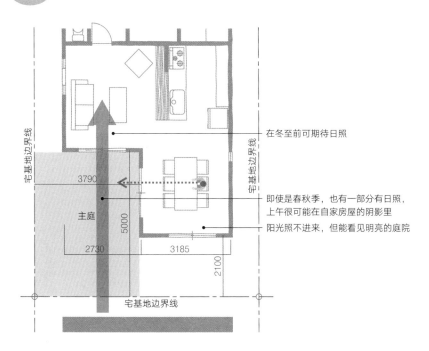

在冬至前可期待日照

即使是春秋季，也有一部分有日照，
上午很可能在自家房屋的阴影里

阳光照不进来，但能看见明亮的庭院

主庭

3790

5000

2730

3185

2100

宅基地边界线

宅基地边界线

宅基地边界线

资料

宅基地边界线

冬至

春秋分

夏至

2FL

1FL

3000

700

5000

7000

正方形的 LDK 使用 不便

LDK 大约为 18 叠，好像很大。

无论**布局图 A** 还是**布局图 B**，起居室空间都是细长的，感觉用起来会不方便。

如果是开放式厨房，只能选择其中一种布局的话，要选哪一个呢……

A 的餐厅和起居室感觉可以作为一个整体使用，B 是各自独立的，所以选 A。

A 的沙发布置让人不舒服，电视在巨大的窗户前，看起来也不舒服，所以我选 B。

B 的南面有起居室，很亮堂，但是我不喜欢电视在冰箱旁边。

明明有 18 叠，但是每个空间都没有被充分利用，所以才觉得窄吗？

听说正方形的 LDK 的布局很难，看来是真的。就没有什么好办法吗？

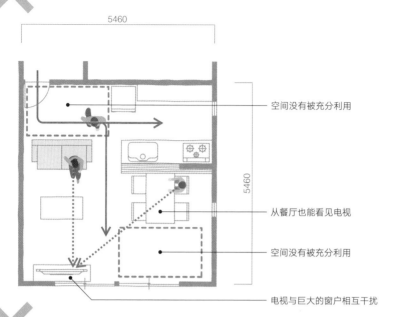

5460

5460

空间没有被充分利用

从餐厅也能看见电视

空间没有被充分利用

电视与巨大的窗户相互干扰

布局图 B

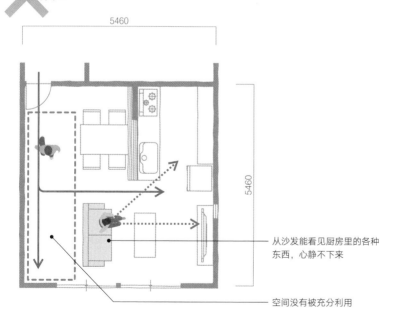

5460

5460

从沙发能看见厨房里的各种
东西，心静不下来

空间没有被充分利用

再加入一个空间，使正方形的 LDK 成立

在接近正方形的空间里布局 LDK，一定会出现一个难以使用的空间。这是因为 L、D、K 各自所需的空间都接近正方形，结果就剩下一个正方形的空间。

比如，即使跟布局图 A 和 B 是同样的 18 叠大小，如右图所示，开间为 3.64 m，进深为 8.19 m，也是 18 叠。此时，起居室餐厅是 3.64 m（开间）×5.9 m（进深），约 13 叠，是便于使用的长方形，所以效率非常高。不要拘泥于房屋的大小（叠数），设计成容易使用的形状才是关键。

在**布局图 A** 中，进出口附近的空间没有被完全利用，电视和落地窗的位置也不好。沙发周围也有通行的动线，这种布置让人静不下心来。在**布局图 B** 中，沙发后面的空间没有被合理利用。电视机设置在冰箱的旁边，看电视的时候，过多的东西进入视线也不太好。

针对这些情况，在**布局图 A 和 B 的处方**中，建议将没有充分利用的空间作为连接起居室和餐厅的空间（榻榻米区域）使用。而且，还提出了新型 LDK 的建议。如厨房柜台不作为配餐台，而是用来放置电视等。在规划 LDK 时，不要理所当然地使用开放式厨房，也可以用靠墙的厨房，或者特意做成封闭式厨房等，只有在多种多样的模式中摸索，才有可能发现 LDK 的新可能性。

布局图 A 的处方

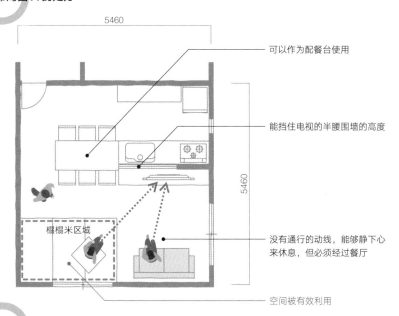

5460

可以作为配餐台使用

能挡住电视的半腰围墙的高度

没有通行的动线，能够静下心
来休息，但必须经过餐厅

空间被有效利用

5460

榻榻米区域

布局图 B 的处方

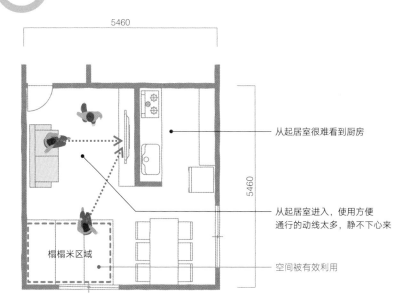

5460

从起居室很难看到厨房

从起居室进入，使用方便
通行的动线太多，静不下心来

空间被有效利用

5460

榻榻米区域

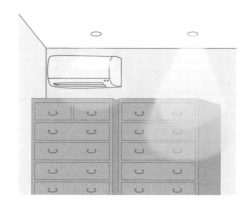

以射灯为中心的照明很流行呀。

以前房间中央只有吸顶灯，现在射灯真是越来越时尚了。

有一个很让我中意的布局，我去参观了样板房，照明使房间给

人的印象截然不同啊！

那是**布局图A**吧，照明的布置大致是这种感觉。

起居室中央和和四角都有射灯，感觉很不错，但是**数量有点多**。

以射灯为中心，本应该很简约，却让天花板显得眼花缭乱，餐

厅的主照明是吸顶灯吗？

是的。因为是连续的空间，所以有违和感。起居室还不如也统

一用吸顶灯呢！

吸顶灯的话，一个就够了。射灯的搭配方法有点难啊！要想看上去

很清爽，怎么做才好呢？

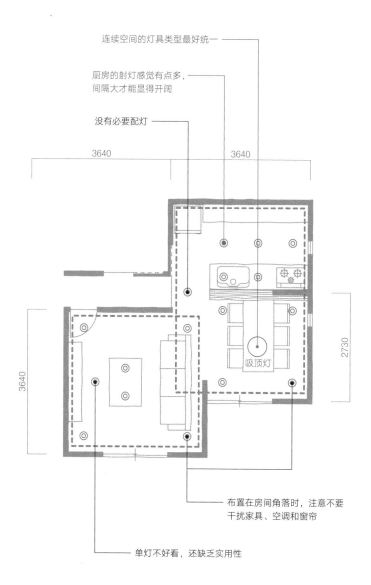

连续空间的灯具类型最好统一

厨房的射灯感觉有点多，
间隔大才能显得开阔

没有必要配灯

3640   3640

2730

3640

吸顶灯

布置在房间角落时，注意不要
干扰家具、空调和窗帘

单灯不好看，还缺乏实用性

统一射灯的间隔和路线，将洞变成线

起居室用途广泛，又是接待客人的场所，自然想别出心裁地利用照明手法。以前，只是在房屋中央安装一个吸顶灯，后来开始将射灯作为辅助照明，现在射灯变成主要照明，再加上壁灯和间接照明，多灯分散方式逐渐多了起来。

布局图 A 是以射灯为中心的照明，但是餐厅使用的是吸顶灯。如果是独立空间，当然没有问题，但是在连续的空间里，就会有违和感，所以灯具类型要统一。此外，起居室、餐厅的四角都配有射灯。虽然能够期待射灯照到主照明照不到的地方，但是有很多结果不好的案例，如射灯变成了门窗、空调、窗帘和家具等的聚光灯。

布局图 A 似乎是按照家具和动线配置灯具的。但是电视机前和厨房旁边有必要安装射灯吗？人们又怎么看待天花板上那 17 个不规则的射灯的圆洞呢？

处方 不是以平面图，而是以天花板构造图制定配灯计划的。通过统一布局图 A 中凌乱的射灯的间隔和路线，将天花板设计得更美观。厨房的重点是照亮手部。房间领域重复的部分不安装灯也很重要，如果想在房间角落里安装灯，可以用地灯或间接照明作为辅助。一般用白炽灯（相当于 100 W）作为射灯，6 叠 4 个灯，8 叠 6 个灯就足够了。处方中，通过统一灯具布置，将天花板上的 17 个圆洞变成了 5 根线，就不会让人觉得不舒服了。

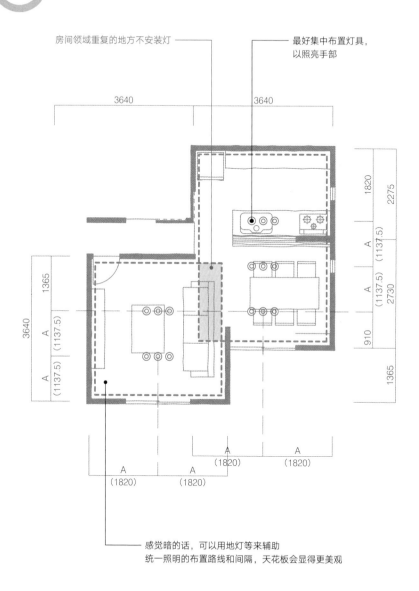

房间领域重复的地方不安装灯

最好集中布置灯具，
以照亮手部

感觉暗的话，可以用地灯等来辅助
统一照明的布置路线和间隔，天花板会显得更美观

主题
采用大型收纳空间，享受育儿乐趣的家

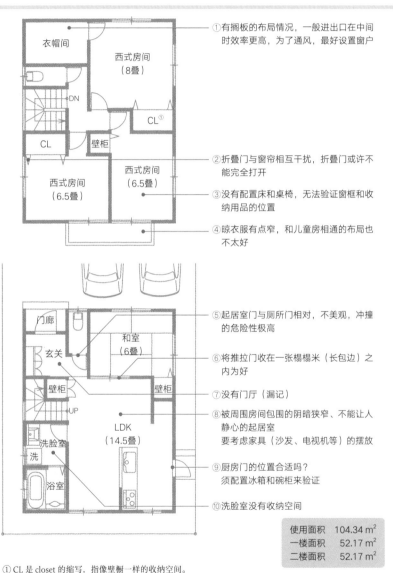

① 有搁板的布局情况，一般进出口在中间时效率更高，为了通风，最好设置窗户

② 折叠门与窗帘相互干扰，折叠门或许不能完全打开

③ 没有配置床和桌椅，无法验证窗框和收纳用品的位置

④ 晾衣服有点窄，和儿童房相通的布局也不太好

⑤ 起居室门与厕所门相对，不美观，冲撞的危险性极高

⑥ 将推拉门收在一张榻榻米（长包边）之内为好

⑦ 没有门厅（漏记）

⑧ 被周围房间包围的阴暗狭窄、不能让人静心的起居室
将考虑家具（沙发、电视机等）的摆放

⑨ 厨房门的位置合适吗？
须配置冰箱和碗柜来验证

⑩ 洗脸室没有收纳空间

使用面积	104.34 m²
一楼面积	52.17 m²
二楼面积	52.17 m²

① CL 是 closet 的缩写，指像壁橱一样的收纳空间。

05

卧室（主卧、儿童房）

CASE 1

只能放双人床的主卧室

你用的是什么床?

我是单人床,我老公是小型双人床。两张床并在一起使用。孩
子睡在中间。

我们家是两张单人床,中间夹着床头柜。

布局图 A 怎么样?配置的是双人床,现在用双人床的人多吗?

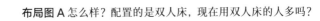
是的。传单上的空间布局大都是双人床,这是为什么呢?

是不是因为这比两张单人床窄,更容易布局,房间也显得宽敞
呢?

但是,这张床的放法,让靠墙边睡的人不方便啊!而且这个房

间,床不能竖着放,所以用不了两张单人床吧!

用双人床的人倒还好,我们就难办了。可以改成放置单人床的布局
吗?

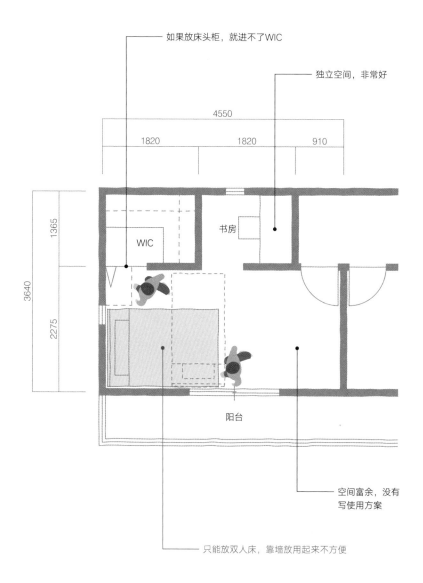

如果放床头柜，就进不了WIC

独立空间，非常好

4550

1820　　　1820　　　910

1365

3640

2275

WIC

书房

阳台

空间富余，没有写使用方案

只能放双人床，靠墙放用起来不方便

即使是双人床，也要考虑放两张单人床的空间

　　床的种类多种多样。要先确认是使用现有的床还是重新购买，床的尺寸，如何摆放等，然后再进行设计。其中双人床的宽度为 1.4 m，比两张单人床并排（约 2 m）要小，便于有效利用狭窄的空间。传单上的布局里用双人床的多，或许是因为首次购房者使用双人床的比例较高。

　　主卧由就寝空间、收纳空间（壁橱、衣帽间）、工作空间（桌子、书房）组成。规划卧室时，必须充实就寝空间的主要功能。即使现在使用双人床，将来也可能改变床的尺寸或者布局，因此不可以设计成只能放双人床的布局。

　　在**布局图 A** 中，作为卧室的附带空间，配有衣帽间和书房，但双人床靠在墙边，感觉很拘束（为了方便上下床，推荐在双人床的两侧最少空出 500 mm）。相反，床尾有富余，给人一种空间利用不协调的印象。**处方**首先考虑充实卧室主要功能的就寝空间，确保至少能有能轻松放置两张单人床的大小。虽然这会使收纳空间和工作空间变窄，但是通过控制过道的宽度（由于床尾过道的一侧是床，因此宽度在 500 mm 以上即可），提高动线的效率等，使其跟原有方案相比，不仅增加了收纳量，还可以放下同样大小的桌子。

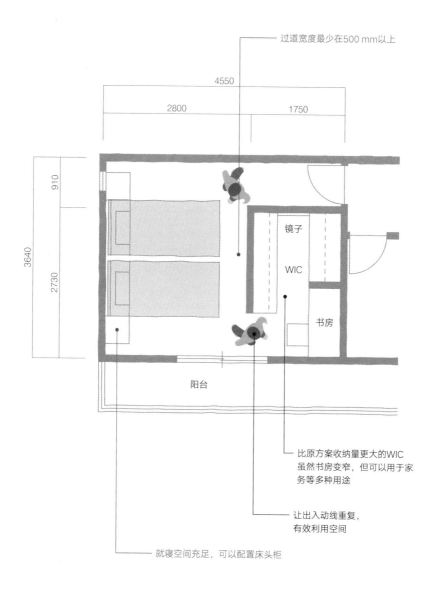

过道宽度最少在500 mm以上

4550

2800

1750

910

3640

2730

镜子

WIC

书房

阳台

比原方案收纳量更大的WIC
虽然书房变窄，但可以用于家
务等多种用途

让出入动线重复，
有效利用空间

就寝空间充足，可以配置床头柜

 儿童房可以将来再分开，所以刚开始连用一个房间就行，还宽敞。

 我也觉得这样就可以了，不过怎么处理与主卧室的位置关系呢？

 孩子小的时候，要一起睡，先连着，将来再用墙隔开就可以吧！

 是啊。现在用帘子隔开就可以了。

 布局图 A 怎么样？儿童房 A 与主卧连在一起。这是为小孩子准备的。北侧的儿童房 B 可能是大孩子用的。

 一开始就有收纳空间，收拾起来也方便。下面的是将来的布局。用坚固的墙隔开。

 但是只有一堵墙行吗？为了保护各自的隐私，是不是需要考虑隔音呢？

 将来可以简单地重新装修，充实收纳空间。有没有保护隐私的隔挡方法呢？

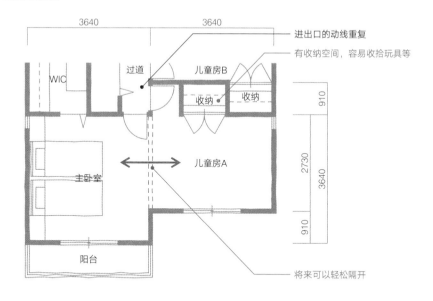

- 3640
- 3640
- 进出口的动线重复
- 有收纳空间，容易收拾玩具等
- WIC
- 过道
- 儿童房B
- 收纳
- 收纳
- 910
- 主卧室
- 儿童房A
- 2730
- 3640
- 910
- 阳台
- 将来可以轻松隔开

儿童成长时

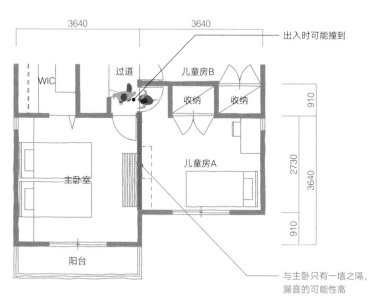

- 3640
- 3640
- 出入时可能撞到
- WIC
- 过道
- 儿童房B
- 收纳
- 收纳
- 910
- 主卧室
- 儿童房A
- 2730
- 3640
- 910
- 阳台
- 与主卧只有一墙之隔，漏音的可能性高

不要用一堵墙隔开，隔音墙（＋收纳）才最理想

如同父母与孩子的关系年年都在变化一样，主卧室与儿童房的关系也在发生变化。孩子在幼儿期几乎都与父母同住，所以不需要单独的房间。过了少年时期，孩子在自己的房间度过的时间越来越长。这次的话题是，将来诞生的孩子的房间和主卧室的关系。

就算是将来的房间，也不是只有空间就够了。一旦到了要分割房间的阶段，为了节约费用和时间，请事先设置好门和收纳空间。**布局图 A** 的效率非常高，将来只要再建一堵间隔墙就好了。但现在谈论的是，只靠一堵墙隔开是不行的。可能会互相在意说话、音乐、电话、电视等的声音，导致无法入睡。因此要将间隔墙改成隔音效果好的墙或在房间之间加入收纳空间，以防止漏音。根据收纳空间的动线和数量，有时可能达不到理想的隔音效果，所以推荐将收纳空间与隔音墙一起使用。

处方是以将来在房间里加入收纳空间为前提制定的。幼儿期虽然不需要隔开，但是完全没有收纳空间的话，玩具就没有地方放置。为此，需要事先在墙壁一侧设计一个不是很宽的收纳空间，用来装玩具。重新装修时，只要再增加一些收纳空间就可以了，非常简单。此外，主卧室和儿童房、过道收纳的门集中在一个狭窄的空间里，出入时有相撞的危险，为了安全起见，要将儿童房的房门设置在里面。

这次我们思考了孩子从幼儿期到进入社会之间的布局变化，而孩子独立后，离开家的时间更长，因此我们也可以想象一下那时自己的生活方式及活用房屋的方案。

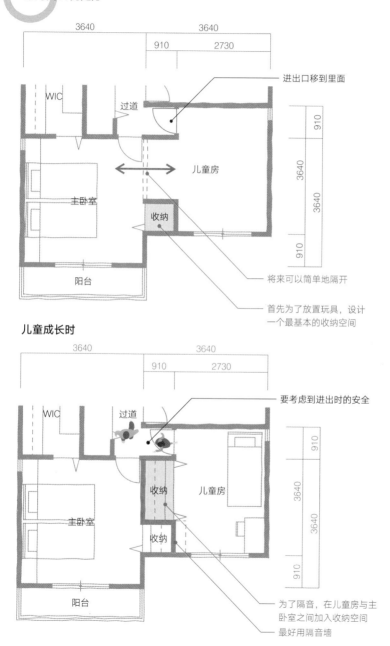

布局图 A 的处方

3640 **3640**

910 **2730**

WIC

过道

进出口移到里面

儿童房

910

3640

3640

主卧室

收纳

910

阳台

将来可以简单地隔开

首先为了放置玩具，设计
一个最基本的收纳空间

儿童成长时

3640 **3640**

910 **2730**

WIC

过道

要考虑到进出时的安全

收纳

儿童房

910

3640

主卧室

3640

收纳

910

阳台

为了隔音，在儿童房与主
卧室之间加入收纳空间

最好用隔音墙

CASE 3

用墙隔开的狭小的书房

 如果要盖房子，我想要一个书房，即使小一点也行。

用书房干什么？太奢侈了，而且也不会去用。

 我有很多书，而且也想做一些喜欢的模型摆着。还想听听音乐，要是能放个音响就再好不过了。

音响我也想要，放在主卧室不就好了吗？

 有时还要回来工作。

真正需要的话，是要好好想一想，**布局图 A** 的书房不好吗？

 至少要能放下电脑桌、打印机和书架。**布局图 A** 有种被封闭起来的感觉。**布局图 B** 好像还凑合。

A 窄吗？我还想把收纳空间再扩大一点呢！我想把桌子放在卧室，把卧室改成书房空间。

 就像儿童有儿童房一样，要是有一个可以自由使用的单独房间就好了，窄一点也没有关系。

布局图 A ✕

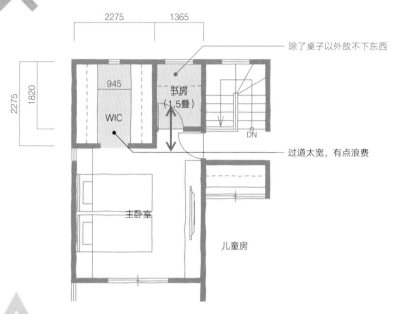

2275　　1365

2275

1820

945

WIC

书房
（1.5叠）

DN

除了桌子以外放不下东西

过道太宽，有点浪费

主卧室

儿童房

布局图 B ▲

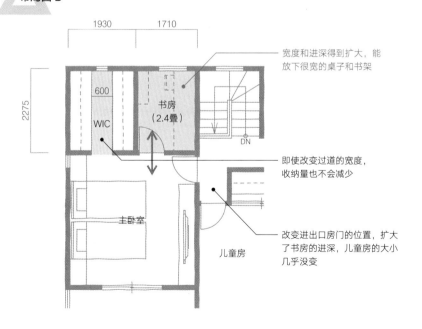

1930　　1710

2275

600

WIC

书房
（2.4叠）

DN

宽度和进深得到扩大，能放下很宽的桌子和书架

即使改变过道的宽度，收纳量也不会减少

改变进出口房门的位置，扩大了书房的进深，儿童房的大小几乎没变

主卧室

儿童房

在独立书房里工作和
发展业余爱好

需要书房的理由各式各样。居家办公族等把家当作办公室使用，经常从公司带工作回家的人，需要有作为工作场所的独立空间。除此之外，独立空间在一个人独处时，有利于人们放松、释放精神压力；也可以作为听音乐、读书等的兴趣爱好空间来使用。家人聚在一起的时光固然重要，但是如果孩子在一旁看电视、打游戏，则很难集中精神读书，因此还是需要有作为自己容身之地的书房。

布局图A把1.5叠的相当狭窄的空间用门隔开。只有桌子，连书架都没有地方放。**布局图B**将儿童房和主卧室的房门位置调换了，扩大了书房的进深。而且通过优化衣帽间的宽度，扩大了书房，但书房不是独立的房间。

改造方案①，以作为工作场所为前提，改变了书房的进出口的位置。晚上工作到很晚时，键盘和打印机的声音会传到卧室，每次开关房门，灯光都会泄露等，这些都会妨碍睡眠，因此书房最好不要作为卧室的附带空间，而应设置成独立的空间。**改造方案②**，假定书房的使用频度低。WIC可以兼书房使用，有效利用了空间。对于重视书房氛围的人来说，这个方案有点难以接受，但是，书房在WIC内，还可以作为家务室使用，具有通用性。夫妻各自喜爱的东西，不是被收藏在壁橱或杂物间里，而是被放在能眺望、欣赏的空间里，这样心中才能从容镇静，卧室收拾起来也方便。即使只有桌子、椅子及可以装饰的墙面，也可以成为书房空间。

改造方案①

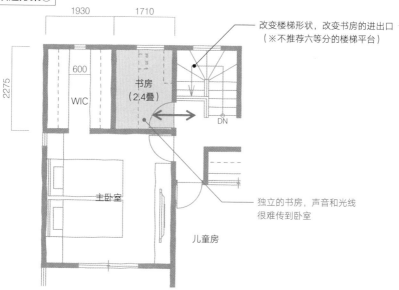

改变楼梯形状，改变书房的进出口
（※不推荐六等分的楼梯平台）

独立的书房，声音和光线
很难传到卧室

书房
（2.4叠）

WIC

600

1930　1710

2275

主卧室

儿童房

DN

改造方案②

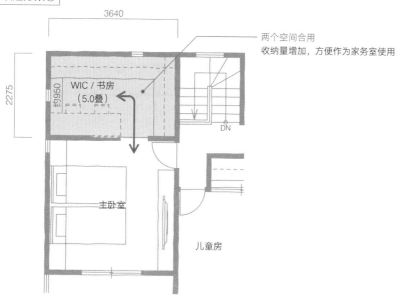

两个空间合用
收纳量增加，方便作为家务室使用

WIC / 书房
（5.0叠）

约1950

3640

2275

主卧室

儿童房

DN

C A S E 4

分割后为收纳空间烦恼的儿童房

儿童房，在孩子小的时候，因为没有必要分开而当作一个房间使用，可以等孩子长大后再分成两个房间。这样的布局最好。

没有间隔墙，地面宽广，方便孩子们玩耍，是不错。

布局图 A 怎么样？原计划是从正中间分成两间。

有作为一个房间使用时的布局图，可是分开后会是什么样子呢？左侧房间没有收纳空间也让人很在意。

是的。我们设想一下分开后的布局吧！房间的正面宽度不够，床和桌子只能排成一排。

右边的房间进深很长，很不错。左边的房间加上收纳空间的话，可能就没法坐椅子了。

打算将来分开的儿童房，要用到孩子自立门户为止，因此要根据孩子的身心成长来设计。

布局图 A

作为一个房间使用时

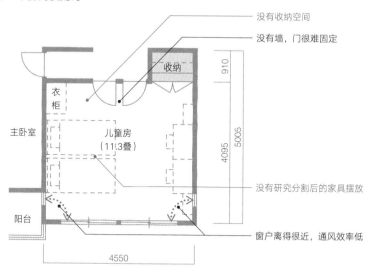

没有收纳空间

没有墙，门很难固定

没有研究分割后的家具摆放

窗户离得很近，通风效率低

分开后的布局

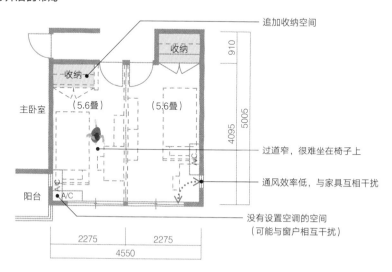

追加收纳空间

过道窄，很难坐在椅子上

通风效率低，与家具互相干扰

没有设置空调的空间
（可能与窗户相互干扰）

开间在 5 m 以上，
事先设计收纳空间

　　孩子小的时候作为一个房间使用，长大后再分开。这是对儿童房常见的要求。这次也是思考将来儿童房可以分开时，房门和窗户的布置。没有分割房间时，被床和书桌包围的地板，可以作为坐着玩游戏的场所，非常宽敞。但是左侧没有收纳空间。房间分割后的家具如何摆放，不得而知。

　　假设桌子的进深为 0.6 m，床的宽度为 1 m，我们来看一下**布局图 A** 的布置。左侧房间，桌子与床相对而放，中间仅隔 0.5 m 左右。很难走过去，而且椅子也不方便拉出来，考虑到孩子的成长，不推荐。如果是这个布局的话，需要像**处方**一样，开间要有 2.5 m（5.0 m）。右侧房间虽然是一样的宽度，但进深富余，桌子和床可以摆成一条直线。

　　这次的收纳计划是，先打造一个房间的收纳空间，等到分割房间时，再追加收纳空间。除此之外，还可以①预先在各个房间备好收纳空间。②用收纳空间代替间隔墙来分割（作为一个房间时没有收纳空间）。③使用可移动间隔收纳。根据孩子的数量、性别、年龄差，房间的分割方式和时机会有所不同，孩子所持有的东西总量不会随着年龄变化，只是东西的内容不一样（玩具→书、游戏），因此推荐像①③那样，事先按照人数打造好收纳空间。此外，还要考虑空调的布置和通风。中部的房间接触外部空间的场所有限，空调不放在窗户上方的话，就要为管道布置苦恼，也有损美观。即使是两面开口，如果窗户之间离得太近，也只能更换一部分空气，需要引起注意。

布局图 A 的处方

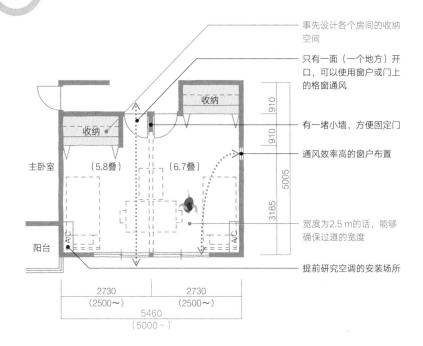

事先设计各个房间的收纳空间

只有一面（一个地方）开口，可以使用窗户或门上的格窗通风

有一堵小墙，方便固定门

通风效率高的窗户布置

宽度为 2.5 m 的话，能够确保过道的宽度

提前研究空调的安装场所

主卧室

收纳

（5.8叠）

收纳

（6.7叠）

阳台

910
910
5005
3185

2730
（2500～）
2730
（2500～）
5460
（5000～）

（使用可移动收纳间隔时）

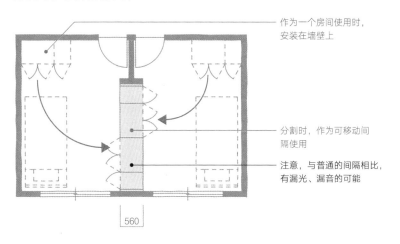

作为一个房间使用时，安装在墙壁上

分割时，作为可移动间隔使用

注意，与普通的间隔相比，有漏光、漏音的可能

560

CASE 5

放不下床的
儿童房

 我的房间就定在这里了。包括衣帽间在内有 6.2 叠，比现在的
房间宽敞多了。

自己思考布局就行了。除了床、书桌和书架以外，还要放别的
什么呢？

 请别这样说，让我们一起想想把床放在哪里吧！先来看看**布局
图 A** 吧！

是啊，还是一起想想看吧！嗯？横着放的话，去不了阳台，竖
着放的话，收纳门打不开。

 真的呀！这不是用不了吗？**布局图 B** 怎么样？

不能横着放，但是竖着放没问题。放桌子的空间好像很窄。得
确认一下现在用的东西能不能放进去……

 **即使是同样大小的房间，收纳的位置不同，使用起来也完全不一样。
重要的是，要事先研究一下布局。**

布局图 A

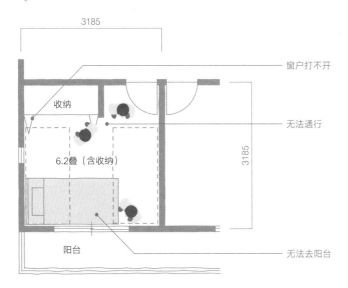

3185

窗户打不开

收纳

无法通行

3185

6.2叠（含收纳）

阳台

无法去阳台

布局图 B

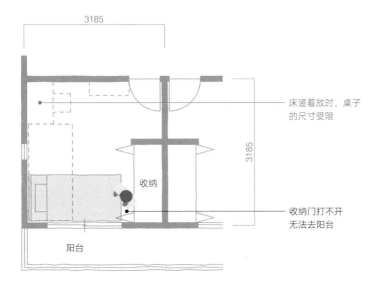

3185

床竖着放时，桌子的尺寸受限

3185

收纳

收纳门打不开
无法去阳台

阳台

就床、桌子、收纳、进出口的样式来评价

儿童房不仅用于就寝，对孩子来说，既是学习的场所，又是游戏和休息的场所，具有多种功能。而且，随着孩子的成长，东西的增加，孩子在自己房间度过的时间也会增加，因此需要考虑扩大收纳空间和保护隐私。

很多人都希望儿童房有6叠左右的大小，但即使是同样大小的房屋，形状也千差万别。此外，就算是大小相同，形状也一样，根据进出口的位置、阳台（落地窗）的有无、衣帽间的布置等，窗和书桌的摆设也会不同。如果事先不验证布局就进行设计，最坏的结果会像**布局图A**一样，成为一个连床都放不下的儿童房。**布局图B**则是，床竖着放，桌子的尺寸会受限制。桌子要是放在进出口，过道又太窄了。

在**布局图A的处方**中，床稍微靠里放。虽然有铺床困难、被子与落地窗相互干扰等问题，但是有足够的空间放置书桌，间隔墙前面还可以放书架等，具有扩大收纳空间的优点。房屋中间有空间，会感觉房间很宽敞。在**布局图B的处方**中，在隔壁房间布置收纳空间。虽然具有收纳开口窄，收纳量少的缺点，但是好在过道一侧的墙壁可以作为收纳空间使用，还可以放置书桌，房屋中间有充足的空间。将收纳改成可移动式收纳，使两室变成一室也容易。特别是儿童房，相对于房间的大小来说，它是家具占有比例较高的空间，针对儿童房房间的大小，一定要提前确认家具的布局。

布局图 A 的处方

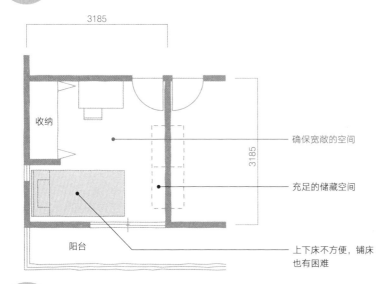

3185

3185

收纳

阳台

确保宽敞的空间

充足的储藏空间

上下床不方便，铺床
也有困难

布局图 B 的处方

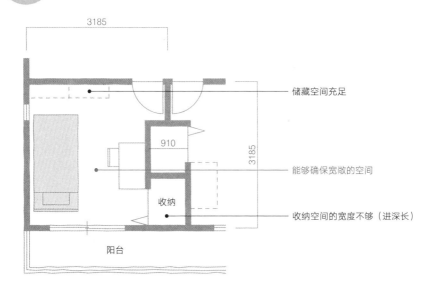

3185

3185

910

收纳

阳台

储藏空间充足

能够确保宽敞的空间

收纳空间的宽度不够（进深长）

主题

妈妈最喜欢的大容量收纳房间

①不要用"大容量"等抽象的字眼儿，最好写出具体数字

②12级台阶的踏步高度过高，上下不方便。最好用13级（推荐14级以上）规划

③提前做好规划，以便将来能够设置厕所

④主卧室的收纳量不足

⑤配置双人床时应远离墙壁，以便可以从两侧上下床

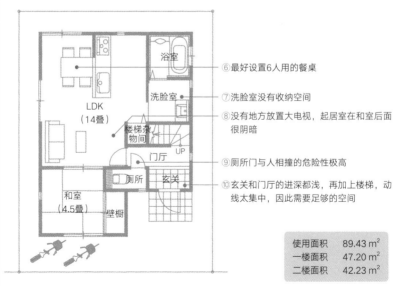

⑥最好设置6人用的餐桌

⑦洗脸室没有收纳空间

⑧没有地方放置大电视，起居室在和室后面很阴暗

⑨厕所门与人相撞的危险性极高

⑩玄关和门厅的进深都浅，再加上楼梯，动线太集中，因此需要足够的空间

使用面积	89.43 m²
一楼面积	47.20 m²
二楼面积	42.23 m²

06

储藏室、衣帽间

宽敞却无法收纳的WIC

 WIC 方便吗？大家除了衣服以外都放些什么呢？

 要是我的话，就放有季节性的家电或衣柜。

 我在里面放了结婚时的衣柜，要是在地震时倒了就危险了，所以还是收起来安全。

 布局图 A 的 WIC 是把衣服挂起来收纳的类型，上面可以放一些轻的东西，下面也可以放多屉柜。

 但是从入口到里面太远了。布局图 B 的壁橱，一开门就能取到衣服。

 区别就在于过道是在房间里，还是在 WIC 里。这样的话，还是能使房间宽敞一点的壁橱好。

 但是吸尘器等轻便的物品，可以挂在 WIC 的墙壁上，如果放在房间里会很难收拾。

 WIC 的确挺方便，但是感觉会因东西塞得太多而拿不出来，或者反过来使空间无法得到充分利用，我想了解收纳效率高的开间和进深的尺寸。

布局图 A

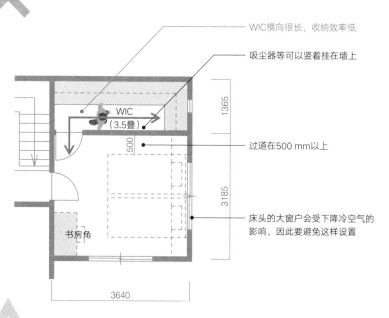

WIC横向很长，收纳效率低

吸尘器等可以竖着挂在墙上

WIC
（3.5叠）

1365

500

3185

过道在500 mm以上

床头的大窗户会受下降冷空气的
影响，因此要避免这样设置

书房角

3640

布局图 B

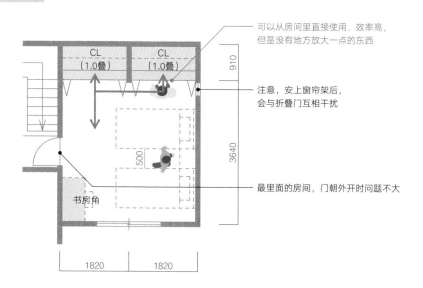

可以从房间里直接使用，效率高，
但是没有地方放大一点的东西

CL
（1.0叠）

CL
（1.0叠）

910

注意，安上窗帘架后，
会与折叠门相互干扰

500

3640

最里面的房间，门朝外开时问题不大

书房角

1820

1820

比起大小，充分利用
空间的规划更重要

作为主卧室的附带空间，很多人要求有 WIC，但是也经常能看到大小与收纳量不成比例的案例。

布局图 A 的 WIC 在端部设置进出口，内部狭长，宽度为 1.365 m。缺点就像对话中所描述的那样，拿最里面的东西时很不方便，收纳架只能安装在过道的一侧，效率很低，但也有优点，例如可以把熨衣架、吸尘器等使用频率较高的东西（容易移动、不重的东西）挂在 WIC 的架子上，所以房间容易收拾，显得干净。**布局图 B** 是壁橱型。在房间里就可以使用壁橱，所以具有节约空间、房间用起来（看起来）宽敞的优点，但是，地板上没有放东西的地方，房间容易凌乱。**布局图 C** 在床的摆放上下功夫，极力确保 WIC 正面宽度的最大化。因为有效宽度在 1.6 m 左右，如果在两侧安装 0.6 m 的架子，通道就会变窄，所以推荐在单侧安装 0.45 m 的架子，或者设置方便移动的收纳箱。

一般来说，WIC 的宽度如果有 1.82 m，那么两侧就可以设置搁板（0.6 m+0.45 m）。可以将 0.45 m 的架子用于下部，如果改变钢管的安装位置，也可以将架子用于上部。在单侧或双侧放置衣柜时，有 2.275 m 就足够了。确保西式衣柜前有 0.85 m，屉式收纳柜前有 1.0 m 左右的过道（活动）宽度。

一个成年人所需的衣架管的收纳长度一般为 3 m，制定计划时，最重要的是要把空间全部利用上，不要有剩余。

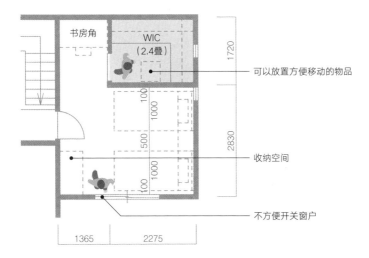

书房角

WIC
（2.4叠）

1720

可以放置方便移动的物品

100
1000
500
1000
100

2830

收纳空间

不方便开关窗户

1365　　2275

不同宽度的收纳案例

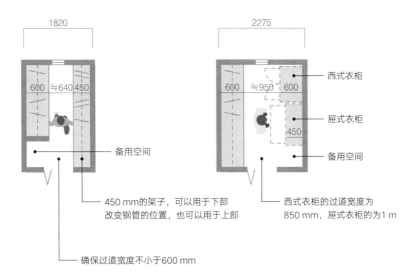

1820

600 ≒640 450

备用空间

450 mm的架子，可以用于下部
改变钢管的位置，也可以用于上部

确保过道宽度不小于600 mm

2275

西式衣柜

600 ≒950 600

屉式衣柜

450

备用空间

西式衣柜的过道宽度为
850 mm，屉式衣柜的为1 m

C A S E 2

无法搬进搬出衣柜的储藏室

布局图 A 的储藏室，能将衣柜搬进搬出吗？

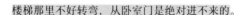

楼梯那里不好转弯，从卧室门是绝对进不来的。

虽然将过道扩大有点浪费，但至少要能够将衣柜搬进搬出吧！

单纯在储藏室的过道边上加一个门不就行了吗？卧室门就那样

也挺方便的。

过道这边确实需要门。像**布局图 B** 那样，好像很容易将衣柜

搬进搬出。

是啊，虽然需要斜着才能进去，不过也不是经常搬，所以这样

就可以了吧！

在楼梯正面安装一个推拉门的话，可以直接放进去。要不这样

改吧！

设计储藏室时，需要特别考虑衣柜的尺寸，除此之外还有什么要注

意的问题吗？

布局图 A

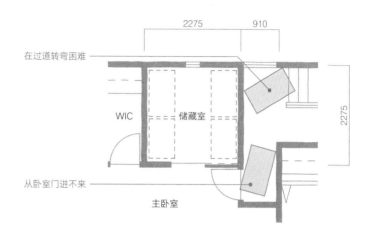

在过道转弯困难

从卧室门进不来

2275　910

WIC　储藏室　2275

主卧室

布局图 B

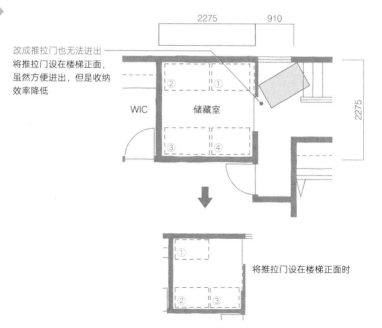

改成推拉门也无法进出
将推拉门设在楼梯正面，
虽然方便进出，但是收纳
效率降低

2275　910

WIC　储藏室　2275

将推拉门设在楼梯正面时

与其将储藏室的推拉门设在中间，不如将其设在一边

　　想要搬进去住时，发现衣柜放不进去，钢琴放不进去，甚至连洗衣机也放不进去……这种事情常有耳闻，但是绝对不可以再发生这种事情。**布局图 B** 的推拉门的位置是难题，收纳效率最高的布置是在过道上安装门，因此只要能把衣柜搬进去，**布局图 B** 就没有问题。如果将门改到楼梯正面，衣柜是容易搬进去的，但是本来可以容纳四个抽屉的衣柜就只能容纳三个了。如果在卧室这边安装门，不仅要考虑便利性，还要研究收纳效率。

　　一般的推拉门，门扇容易拆卸，因此经常被用于装有大型衣柜的储藏室的出入口。搬进搬出衣柜时的确很方便，但是也不是经常拆卸衣柜，所以还要考虑是否方便日常人员进出。

　　改造方案①将双扇推拉门设在中央。没有足够的空间供人进出。虽然能侧身进去，但是估计拿东西很困难。**改造方案②**将双推拉门设在一边。搬进衣柜后，留有足够的空间供人进出。所以，不要只将单扇推拉门改成双扇推拉门，还要研究它们的位置，这样用起来才得心应手。

　　在储藏室和衣帽间之间安上门（只有开口也可以），不仅不会降低收纳效率，还会使收纳空间变得更方便使用。

布局图 A 和 B 的处方

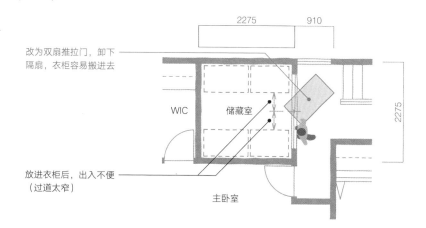

改造方案①

改为双扇推拉门，卸下
隔扇，衣柜容易搬进去

2275   910

WIC   储藏室

2275

放进衣柜后，出入不便
（过道太窄）

主卧室

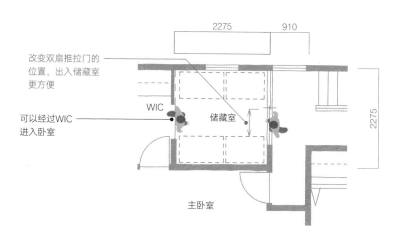

改造方案②

改变双扇推拉门的
位置，出入储藏室
更方便

2275   910

可以经过WIC
进入卧室

WIC   储藏室

2275

主卧室

主题
可在挑高起居室和木质阳台上欢聚的家

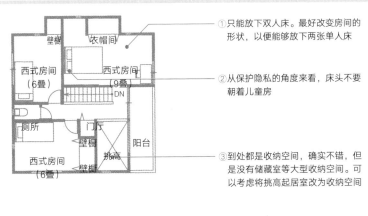

① 只能放下双人床。最好改变房间的形状，以便能够放下两张单人床

② 从保护隐私的角度来看，床头不要朝着儿童房

③ 到处都是收纳空间，确实不错，但是没有储藏室等大型收纳空间。可以考虑将挑高起居室改为收纳空间

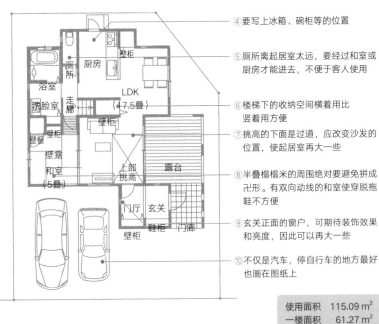

④ 要写上冰箱、碗柜等的位置

⑤ 厕所离起居室太远，要经过和室或厨房才能进去，不便于客人使用

⑥ 楼梯下的收纳空间横着用比竖着用方便

⑦ 挑高的下面是过道，应改变沙发的位置，使起居室再大一些

⑧ 半叠榻榻米的周围绝对要避免拼成卍形。有双向动线的和室使穿脱拖鞋不方便

⑨ 玄关正面的窗户，可期待装饰效果和亮度，因此可以再大一些

⑩ 不仅是汽车，停自行车的地方最好也画在图纸上

使用面积	115.09 m²
一楼面积	61.27 m²
二楼面积	53.82 m²

07

阳台和户外

你主要想用阳台干什么？

首先是晾晒衣服，地方足够大的话，还想用作庭院。

我也是这么想的。如果洗完衣服，没有地方晾晒就麻烦了，所以阳台最好能有晾晒一次洗涤量的大小。

一人一天的标准洗涤量是 1.5 千克，四口之家的是 6 千克。

而且有时衣物会攒到一块洗，或者要洗大件衣物，所以必须能晾 10 千克左右的衣物才行。而且挂在晾衣竿上晾晒时，竿子的长度……？

杆子的长度……我也不清楚。这种布局的阳台怎么样呢？**布局图 A** 和**布局图 B** 的长度都是 3.5 m 左右，但是**进深好像有点浅**。

是啊，长度倒是够了，进深有问题吗？现在我用两根晾衣竿，还能用吗？

能晾晒一次洗涤量的阳台的宽度和进深是多少呢？

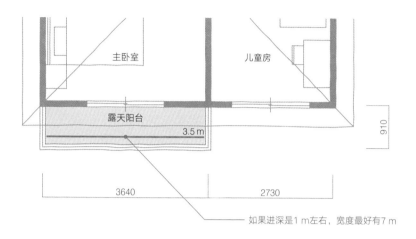

主卧室

儿童房

露天阳台

3.5 m

910

3640

2730

如果进深是1 m左右，宽度最好有7 m

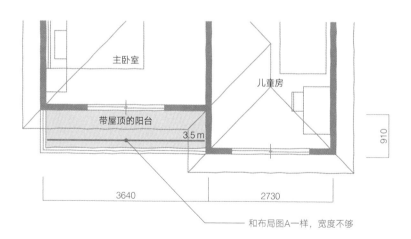

主卧室

儿童房

带屋顶的阳台

3.5 m

910

3640

2730

和布局图A一样，宽度不够

设计成可以使用两根 3.5 m 长的晾衣竿的大小

最近在室内晾衣服的人越来越多，也有很多人把阳台作为晾晒的场所使用。这次成为问题的是能晾晒一次洗涤量的阳台的大小。**布局图 A 和布局图 B**，阳台的类型虽然不一样，但大小一样，都是 3.64 m（宽）×0.91 m（进深）。

首先我们来思考一下必要的宽度。一般一次晾晒 10 千克的衣物时，竿子是 7 m 长吗？没有 7 m 长的晾衣竿，因此要基于 3.5 m×2 根来思考，阳台 3.64 m 宽是勉勉强强可以使用的宽度。接下来进深怎么样呢？晾衣竿应离开阳台墙壁 0.3 m，以 0.3 m 的间隔设置两根晾衣竿，还要为主卧室一侧的过道留下 0.6 m 的宽度，因此进深有 1.365 m 的话，勉强可以使用。0.91 m 是不够的。

在处方中，使用了两根 3.5 m 长的晾衣竿，即使突然下雨，衣服也不会淋湿。在**布局图 A 的处方**中，将露天阳台（悬挑式阳台）延长为 6.37 m。虽然不足 7 m，但宽度有富余。此外，将主卧室的进深也做了调整，改为凹形阳台（半屋外型阳台）。进深为 1.365 m，因此能够放两根晾衣竿。还可以从儿童房出入。**布局图 B 的处方**，在屋顶阳台（下层屋顶上的阳台）的前端加上露台，加大了进深。在阳台的凹形墙角设置了柱子，使阳台变成凹形阳台，具有调整房檐形状的作用。凹形阳台不仅能防止衣物淋湿，还具有防止风雨吹进屋里，控制直射阳光等效果。

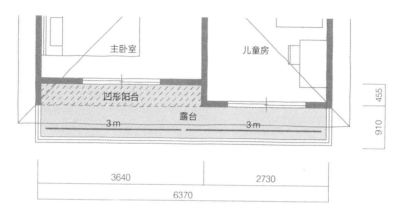

- 露台延伸到儿童房的前面（宽6.37 m）
- 主卧室前的进深为1.365 m
- 从儿童房也可以出入

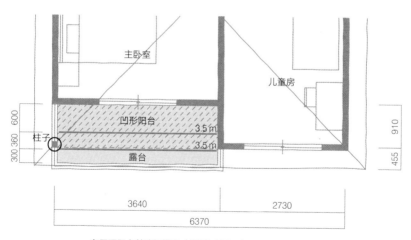

- 在屋顶阳台前追加露台（进深1.365 m）
- 变成凹形阳台，调整房檐形状
- 洗涤的衣物不易被雨淋湿

C A S E 2

从马路上分辨不出玄关

我想把朝向马路的明亮的南面作为房间使用。

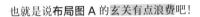
也就是说**布局图 A** 的玄关有点浪费吧！

是的。玄关放在西侧，南面的起居室会更加宽敞。

那就是**布局图 B** 的类型吧！起居室确实很宽敞。将和室的壁橱移到了起居室的中间，这是为什么呢？

和室用作卧室，所以壁橱正好可以隔开起居室的声音。而且，这样一来，入口离玄关近，去起居室也方便。

但是，B 的通道有点窄吧？从外面分辨不出玄关，第一次来的人能进来吗？

是啊，那可不好办呀！或许防盗性能也不太好。还是放弃西侧的玄关比较好吗？

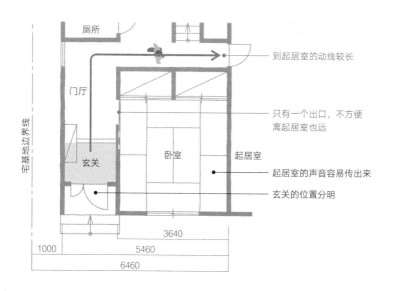

厕所

门厅

玄关

卧室

起居室

宅基地边界线

到起居室的动线较长

只有一个出口，不方便
离起居室也远

起居室的声音容易传出来

玄关的位置分明

3640

1000　5460

6460

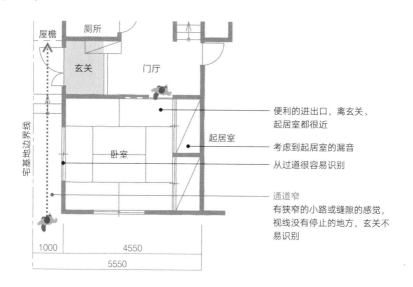

屋檐

厕所

玄关

门厅

卧室

起居室

宅基地边界线

便利的进出口，离玄关、
起居室都很近

考虑到起居室的漏音

从过道很容易识别

通道窄
有狭窄的小路或缝隙的感觉，
视线没有停止的地方，玄关不
易识别

1000　4550

5550

从外面看不见的玄关，
在通道上阻挡视线

谁都想把南面作为起居室使用吧！**布局图 A** 的玄关位置靠近南侧道路，属于常见的布局，也不错。但是，应该有人觉得宽敞的门厅和通往起居室的过道有点浪费吧！和室作为卧室使用时，会有起居室的漏音问题，而且从和室到起居室也不方便，因此需要改善这些问题。在**布局图 B** 中，根据要求将玄关设置在西侧。由此，去往起居室的动线变短，通过改变收纳位置，声音的问题和到起居室的便利性得到了改善。起居室似乎也可以向南扩大。但是，还存在①通道的宽度，②从道路上看时玄关的辨识度问题。①不仅是宽度，而且位置也有问题。此时，或许在过道的尽头就可以看见热水器或空调的室外机。即使可以将自己家的覆盖住，也控制不了周围人家的东西。②打开玄关时，能一眼看穿室内布局的方案不太好，但是如果从马路上可以看到玄关，能够有效防盗。

在**改造方案①**中，将与宅基地分界线的距离改为 1.91 m，加大了过道的宽度。跟**布局图 B** 相比，起居室要小，但跟**布局图 A** 一样宽，在与起居室相间的地方设置了收纳空间也是一个优点。但是②的问题没有得到改善。**改造方案②**在过道的尽头设置了视线阻挡物。屋檐也完美地收在凹形墙角的门柱内，过道的起点落在马路边，这样容易引导人们到达玄关。

玄关在无奈之下或有意被设置在建筑物侧面时，请在通道上打造阻挡视线的东西，装饰成玄关的样子。

布局图 A 和 B 的处方

改造方案①

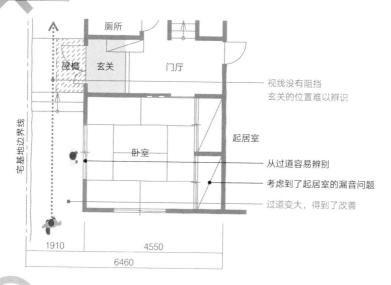

厕所

屋檐 玄关 门厅

视线没有阻挡
玄关的位置难以辨识

起居室

卧室

从过道容易辨别

考虑到了起居室的漏音问题

过道变大，得到了改善

宅基地边界线

1910 　 4550

6460

改造方案②

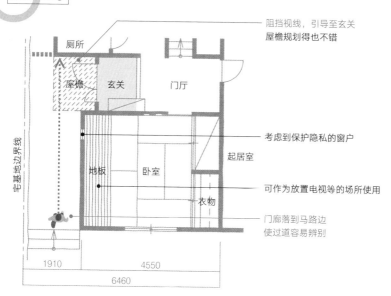

阻挡视线，引导至玄关
屋檐规划得也不错

厕所

屋檐 玄关 门厅

考虑到保护隐私的窗户

地板 卧室 起居室

可作为放置电视等的场所使用

衣物

门廊落到马路边
使过道容易辨别

宅基地边界线

1910 　 4550

6460

虽然**布局图 A** 的地方小是没办法的事，但是**通道太直了，有点可惜啊！**

这种布局的话，**一打开门，家中便一览无余啊！**要是能拐弯进来就好了。

像布局图 B 那样设计怎么样？把安装邮箱和门牌的墙升高一点，从外面就看不到家里了。

这个主意不错。也不妨碍汽车进出……但是还有**起居室的窗户**呢！

真的呢！而且这个窗户是落地窗吗？前面居然是玄关通道，我不喜欢。

是啊！**不能悠闲地休息，**窗帘可能要一直拉着。那样的话，还不如将窗户改成横的安装在上面。

但是东面和西面几乎没有空余，我想起居室里有一个大窗户。有什么办法吗？

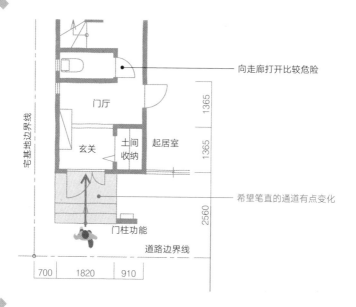

向走廊打开比较危险

希望笔直的通道有点变化

门厅

玄关　土间收纳　起居室

1365

1365

2560

门柱功能

道路边界线

宅基地边界线

700　1820　910

布局图 B

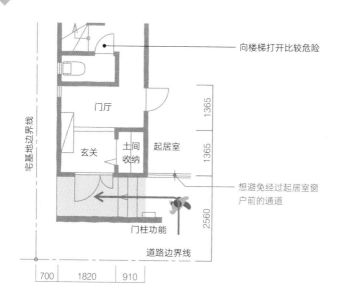

向楼梯打开比较危险

想避免经过起居室窗户前的通道

门厅

玄关　土间收纳　起居室

1365

1365

2560

门柱功能

道路边界线

宅基地边界线

700　1820　910

进屋通道要重视隐私

　　进屋通道的设计，根据距离道路的间隙、高低差、停车、停自行车的空间等的关系，有各种各样的表现手法。但是至少要注意以下几点：大门和玄关不能在同一条线上；通道距离要长，以体现纵深感；搭配标志性树木或引人注目的灌木，表现绿油油的空间。

　　在**布局图 A** 里，通道是一条直线，距离也短。由于停车空间或倒车所需空间的关系，有时会为门廊和门柱放在哪里而烦恼，很想稍微做些变化。如果不改变布局的话，打开玄关后，即使在马路上也能看到家里。在**布局图 B** 里，玄关前设置了一堵具有大门功能的墙壁，玄关的隐私性得到了保证，但是起居室的窗户前面就是进屋通道，起居室的隐私性降低。

　　改造方案①改变了玄关的布局（土间收纳与玄关调换位置），通道也改在了宅基地边界线旁边。在与隔壁房屋的边界上建了一堵墙，表现出了通道应有的形象。改变布局没有引起不良后果。**改造方案②**，在**改造方案①**的土间收纳的地方，设置了门廊，使玄关朝西。这样一来，玄关前面就不需要墙壁了。取消了土间收纳，在门厅里设置了收纳空间。门柱的后面可以改放自行车或种植标志性树木。

　　像这样，即使空间狭窄，综合考虑房子的室外和室内布局，进屋通道的选择范围会更大。地方越小，越要综合考虑内外情况。

改造方案①

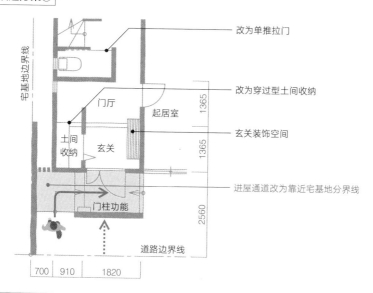

改为单推拉门

改为穿过型土间收纳

玄关装饰空间

进屋通道改为靠近宅基地分界线

门厅

起居室

土间收纳

玄关

门柱功能

宅基地边界线

道路边界线

1365

1365

2560

700　910　1820

改造方案②

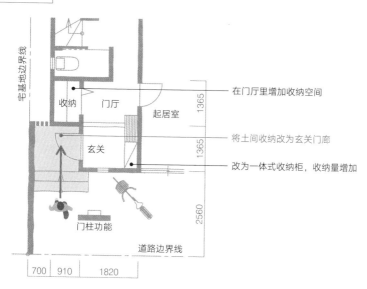

在门厅里增加收纳空间

将土间收纳改为玄关门廊

改为一体式收纳柜，收纳量增加

收纳

门厅

起居室

玄关

门柱功能

宅基地边界线

道路边界线

1365

1365

2560

700　910　1820

CASE 4
只能从副驾
驶座下车的
停车空间

你打算在新家的停车空间停几辆车？

现在有一辆车上班用，家里如果再有一辆小排量的汽车就好了，
所以想至少能停两辆。

是的。家用的停车空间，要方便停车。

问题是停车方式。竖着停两辆车，就不能自由出入，停得与建
筑物平行，又有难度，所以还是把两辆车成直角停放比较好吧！

布局图 A 的停车空间怎么样？呈 L 形，小排量汽车的出入有
点困难啊！放自行车以后，进屋通道变窄也有点让人不舒服。

安装上车棚后，就得从车棚下面进入屋里，而且，就这样的话，
只能从副驾驶座①进出。

真的呢！布局图 B 怎么样？宽度是 5 m，貌似不会有问题……

思考布局时，必须考虑停车方式和自行车的放置场所。因为以后就
没法扩大了。

①日本是靠左行驶的国家，日本人用的汽车，驾驶座在右侧，副驾驶座在左侧。

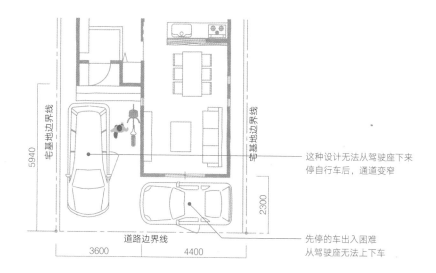

宅基地边界线

5940

这种设计无法从驾驶座下来
停自行车后，通道变窄

宅基地边界线

2300

道路边界线

3600   4400

先停的车出入困难
从驾驶座无法上下车

布局图 B

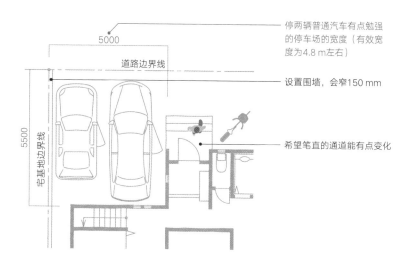

5000

道路边界线

停两辆普通汽车有点勉强
的停车场的宽度（有效宽
度为4.8 m左右）

设置围墙，会窄150 mm

5500

宅基地边界线

希望笔直的通道能有点变化

平行停车时的标准进深为 2.7 m，最少为 2.2 m

　　一家有两辆车的情况越来越多，设计布局时也要以这个为前提。太窄了，出入困难；太宽了，又有点浪费空间。根据汽车的种类、大小和使用方法，停车空间的形态可以多种多样。**布局图 A** 怎么样呢？直角停车的宽度为 3.6 m，进深为 5.94 m。平行停车的宽度为 8 m，进深为 2.3 m。单独来看似乎没有问题。但是实际还是有以下问题。①两辆车都不能从驾驶座上下车。②普通车停下以后，小排量汽车进出困难。③给普通车安上车棚后，其下方是玄关通道，很不美观。那么**布局图 B** 怎么样呢？宽 5 m、进深 5.5 m 的停车空间，因边界的围墙和外墙的厚度，实际上要变窄 0.2 m 以上。有效宽度为 4.8 m，有问题吗？

　　接下来根据右页所示考虑一下各种问题吧！在**布局图 A** 中，问题①：普通车可以靠右边停放，但是小排量汽车就无法停车了；问题②：L 形停车的基本尺寸是宽为 8 m，直角停车横向的进深也是 8 m，原本尺寸就不够；问题③：不仅要避免在玄关前设置，也要避免在起居室前设置。

　　在**布局图 B** 中，两辆普通汽车并排停车时的推荐宽度为 5.4 m，所以还差 0.6 m。从副驾驶座上下车时，还差 0.3 m。因为没有停两辆车的余地，所以前提是其中一辆是小排量汽车。

　　像这样，经常能看到停车空间等外部空间有点勉强的案例。为了方便，想重新装修的话，就需要改变家中的布局和配置，那几乎是不可能的。所以设计布局时，需要把停车空间也作为其中的一部分，以确保便利性和所需的空间尺寸。

停车空间的基本尺寸

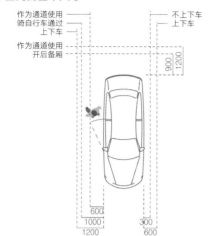

作为通道使用
骑自行车通过
上下车

作为通道使用
开后备厢

不上下车
上下车

900
1200

600
1000
1200

300
600

直角停车

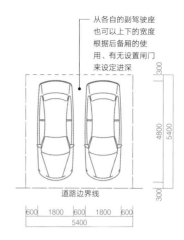

从各自的副驾驶座
也可以上下的宽度
根据后备厢的使
用、有无设置闸门
来设定进深

300
4800
5400
300

道路边界线

600 1800 600 1800 600
5400

平行停车

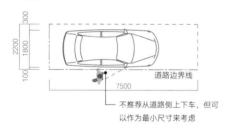

300
2200
1800
100

道路边界线
7500

不推荐从道路侧上下车，但可
以作为最小尺寸来考虑

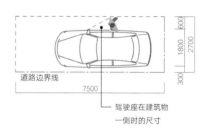

道路边界线
7500

600
1800
2700
300

驾驶座在建筑物
一侧时的尺寸

L 形停车

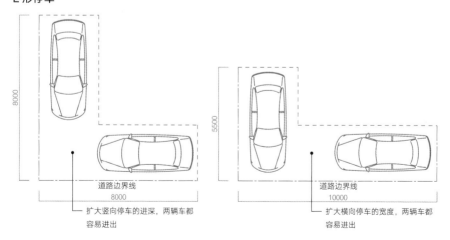

8000

道路边界线
8000

扩大竖向停车的进深，两辆车都
容易进出

5500

道路边界线
10000

扩大横向停车的宽度，两辆车都
容易进出

主题

主卧室宽敞、方便育儿的5LDK的家

①屋顶形状会变得复杂，不推荐
（是为了让面积凑齐4.5叠吗？）

②必须有解决床头下降气流的对策

③记录了小屋顶的范围

④注意，有时中间半叠会被人忌讳

⑤最好计划放6人用的餐桌

⑥空间没有被充分利用

⑦没有窗户的洗脸室，一定要
安装排气扇
⑧没有收纳空间

⑨玄关正面的厕所门很不雅观
推拉门容易漏音

⑩通往起居室的过道太窄

使用面积	109.30 m²
一楼面积	59.62 m²
二楼面积	49.68 m²

08

外观

单调无趣的屋顶、复杂且漏雨的屋顶

你喜欢什么样的屋顶？

切妻屋顶①和寄栋屋顶②自古就有，令人百看不厌，我觉得挺好。

最近感觉坡屋顶和平屋顶居多，这是为什么呢？

安装太阳能发电装置的人家变多了，方形房子或尖顶屋顶看起来更时髦吧？

原来是根据坡屋顶与太阳光的关系设计的呀！但也能看到很多将各种屋顶混合在一起的复杂设计。

是啊，是因为复杂的东西看起来更酷吗？我倒是很担心会漏雨。

屋顶A是切妻屋顶，过于正统，缺乏趣味性。屋顶B是寄栋屋顶，这个有点复杂。

虽然人们容易优先考虑室内布局，但是屋顶会大大改变房屋给人的印象，所以需要将屋顶一并考虑、规划。

①相当于悬山式屋顶。
②相当于庑殿式屋顶。

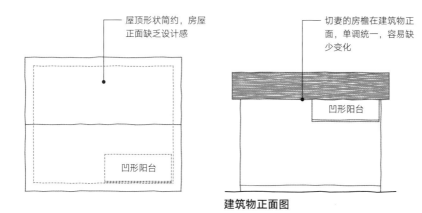

屋顶形状简约，房屋
正面缺乏设计感

凹形阳台

切妻的房檐在建筑物正
面，单调统一，容易缺
少变化

凹形阳台

建筑物正面图

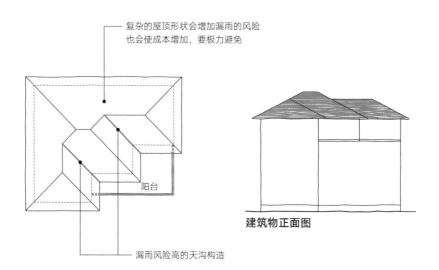

复杂的屋顶形状会增加漏雨的风险
也会使成本增加，要极力避免

阳台

漏雨风险高的天沟构造

建筑物正面图

简约的长屋檐屋顶，既安全又美观

　　最常见的屋顶就是切妻屋顶和寄栋屋顶。其他还有坡屋顶、平屋顶及将这些综合在一起的屋顶。屋顶要具有防水性，因此外观再漂亮也不能漏雨。

　　一般来说，两层的方形建筑，屋檐越长，防漏性能就越强。即墙壁和屋顶互相接触部分少的、简单的建筑物更好。但是，都是这种构造的话，外观无趣的建筑会越来越多。

　　屋顶 A 是切妻屋顶的案例。建筑物用一个大屋顶覆盖，是最简约的设计，屋顶漏雨的风险小。外观也比较正统，非常好，但是此处稍微改变一下布局，就可以变成异坡屋顶。通过让切妻的房檐发生变化，可以使建筑物正面更有特点。而且，一楼的外墙凹凸有致，按颜色区分或粘贴区分时会更美。用切妻屋顶打造异坡屋顶时，建筑物正面的房檐不要统一，这样才会更美观。

　　屋顶 B 是寄栋屋顶的案例。二楼的建筑物形状复杂，屋顶平行，形成了两处漏雨风险很高的"天沟"。有的人似乎觉得复杂的屋顶很好看，除了实在没有办法以外，要极力将其整合成简单的形状，这样才能降低漏雨的风险。在**屋顶 B 的处方**中，阳台被改成了凹形，简化了屋顶的形状，减少了一个"天沟"。

　　等布局完成后再思考屋顶，就得不到你想要的屋顶形状了。屋顶作为城市街景的一部分，是非常重要的要素。要经常思考屋顶所拥有的设计性和功能性，然后再去设计布局。

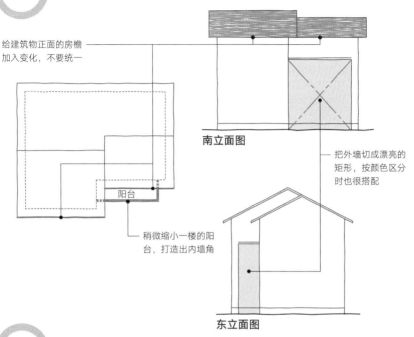

给建筑物正面的房檐
加入变化，不要统一

南立面图

把外墙切成漂亮的
矩形，按颜色区分
时也很搭配

稍微缩小一楼的阳
台，打造出内墙角

东立面图

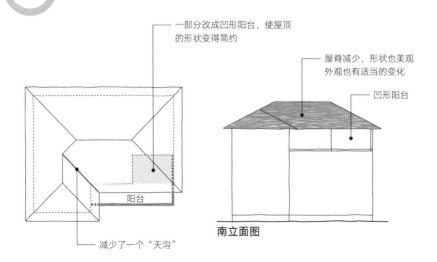

一部分改成凹形阳台，使屋顶
的形状变得简约

屋脊减少，形状也美观
外观也有适当的变化

凹形阳台

阳台

南立面图

减少了一个"天沟"

小屋顶的边缘形状很不美观

 有小屋顶的房子，外观很漂亮。

 虽然我也喜欢两层的方形房子，但是加上小屋顶，外观会很有特色哦！

 特别是北侧靠近道路时，我会想加个小屋顶。南侧靠近道路时，用阳台等比较容易打造出凹凸感。

这个外观怎么样？两个都带小屋顶。

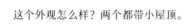 外观 A 和外观 B 都是建筑物的正面图。

有变化确实不错。但是总感觉有违和感。

 这是因为大屋顶和小屋顶的形状不一样吧！大屋顶是切妻，小屋顶是寄栋……而且……

 是这样啊！也就是说屋顶的形状最好统一。除此之外还有什么？

 我也不太清楚。无论 A 也好，B 也罢，就不能再优化一下吗？总给人不够完整的印象。

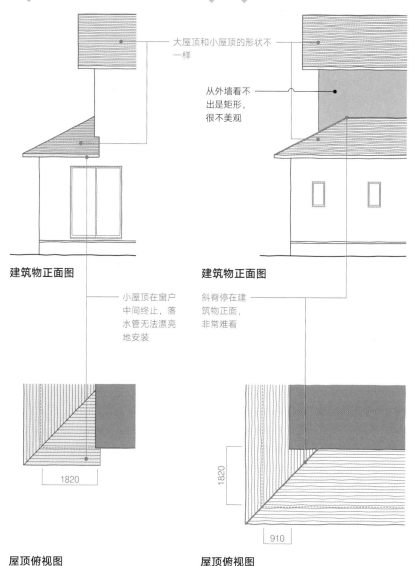

外观 A

外观 B

大屋顶和小屋顶的形状不一样

从外墙看不出是矩形，很不美观

建筑物正面图

建筑物正面图

小屋顶在窗户中间终止，落水管无法漂亮地安装

斜脊停在建筑物正面，非常难看

1820

1820

910

屋顶俯视图

屋顶俯视图

要注意大屋顶的形状、窗户的位置、斜脊和小屋顶的交界线

很多方形的两层楼的房子，都盖有平屋顶和坡屋顶等流行的屋顶。考虑到成本，方形的两层楼的房子性价比高，但是会让人觉得外观上少了点什么。南面临近道路时，让二楼的房间后退，将上面作为阳台使用，外观会产生变化。而北侧临近道路的建筑物大多是方形的两层楼，厕所、洗脸室等用水空间的配置多，人们会为如何在外观上展示多个小窗户而烦恼。

外观 A 是西侧临近道路的南立面。从道路上也可以看到南面的配置。这里的问题是巨大的开口和小屋顶的搭配。如果是小窗户，就不会有太多的感觉，但是屋顶在巨大的窗户中间终止，会给人一种不协调的感觉。要么移动开口的部位，要么加大小屋顶覆盖的范围，两者都做不到的话，就像**外观 A 的处方**那样，只延长小屋顶，调整与开口之间的平衡。这样做的优点是，不用屋檐，落水管的安装也会很容易。

外观 B 是北侧临近道路的北立面。北侧临近道路的建筑物，一般是靠近道路，将南侧空出来。由于道路很窄，受道路斜线（1.25/1）的影响，这次需要将二楼向后缩。虽然这样外观也有足够的变化，但是由于斜脊在建筑物的正面，二楼的外墙没有被切成完美的形状（矩形），因此人们感受不到建筑物的纵深。在**外观 B 的处方**中，将北侧和西侧的退缩距离进行了调换，使斜脊移至西侧。这样一来，北侧外观就很清爽了，更加能够感受到纵深感。虽然只加入小屋顶也能使外观发生变化，但是为了更好地呈现效果，需要重新审视平面形状和窗户的布置。

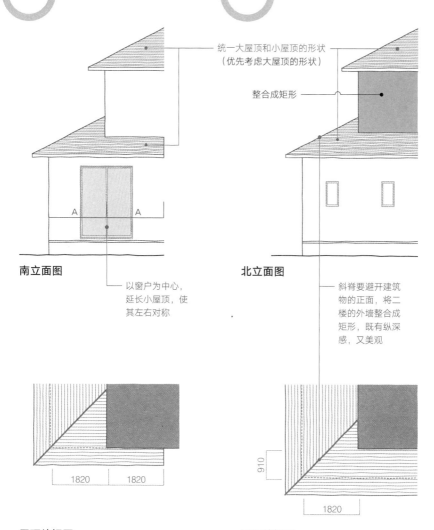

外观 A 的处方

外观 B 的处方

统一大屋顶和小屋顶的形状
（优先考虑大屋顶的形状）

整合成矩形

南立面图

北立面图

以窗户为中心，
延长小屋顶，使
其左右对称

斜脊要避开建筑
物的正面，将二
楼的外墙整合成
矩形，既有纵深
感，又美观

1820　1820

910

1820

屋顶俯视图

屋顶俯视图

南侧临近道路的外观，想要再多点创意

 外观 A 就是很普通的外观。

 是的。二楼的阳台能充当玄关的屋檐，所以不用安装屋檐。

外观 B 也一样吗？阳台很宽，可以晾晒很多衣物。

 每一个的外观和窗户的位置都很统一，没有什么不好。不过希望再多点创意。

很多房子将外墙涂成不同的颜色，以点缀外观，要不我们也学学？

 我听说将同一个墙面涂成不同的颜色，会很难看。

而且，玄关和起居室的窗户排列在同一个墙面上，你怎么看？

 间隔较远，不会太让人在意。不过，如果玄关再加深点阴影，将其打造成特殊空间就好了。

 整合外观的确很难，有什么好的创意吗？

能充当屋檐，很方便
但是在设计上不做推荐

外观不是矩形，
不美观

主卧室

阳台

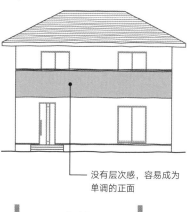

没有层次感，容易成为
单调的正面

要尽量避免在同一个墙
面上使用不同颜色

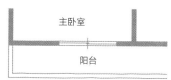

主卧室

阳台

当外墙涂有不同颜色时，最好设计凹形墙角

与北侧临近道路相比，南侧临近道路的外观，带有阳台和排列整齐的大窗户，容易统一。相反，南侧外观也容易变得单调，要引起注意。有时一个阳台的位置或形状，就能使它给人的印象发生巨大的变化。

外观 A 和外观 B 的窗户都是左右对称的，上下楼的位置也统一过了。虽然这是理所当然的，但是在协调外观方面，窗户（种类、位置）的整理是非常重要的。作为点缀，想把外墙涂成不同颜色时，要避免在同一个墙面上出现两种颜色。先不提上下楼的颜色区分，想要改变一部分颜色或纹理时，必须在凹形墙角处改造，这是铁律。

在外观 A 的处方中，带阳台的墙壁稍微加长。这样一来，就形成了一个凹形墙角，用色彩区分时，也能显得很漂亮。缺点是看不出屋顶的房檐是左右对称的。但是，又不总是从建筑物正面眺望房屋，因此不会太令人在意。接下来为了增加玄关房檐前的空间独立性，在阳台的侧面增建了一个墙垛。这样一来阳台就非常整齐了，玄关也给人阴影很深的印象。如果在墙垛上贴上瓷砖等令人印象深刻的材料，仅此就能点缀外观。

在外观 B 的处方中，为了使阳台容易通过颜色区分，单纯地使阳台离开建筑物的两端。在玄关旁建一堵与起居室隔开的墙，也是出于与外观 A 同样的目的。

设计人员要时刻想到布局、外观，甚至外部装饰，并设法将这些设计得恰到好处。

外观 A 的处方

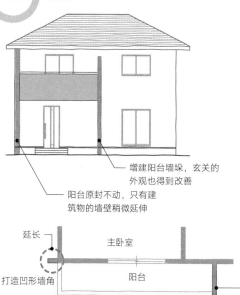

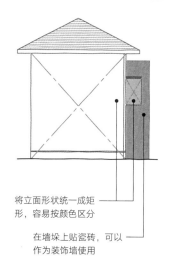

增建阳台墙垛，玄关的
外观也得到改善

阳台原封不动，只有建
筑物的墙壁稍微延伸

延长

主卧室

打造凹形墙角

阳台

墙垛

将立面形状统一成矩
形，容易按颜色区分

在墙垛上贴瓷砖，可以
作为装饰墙使用

外观 B 的处方

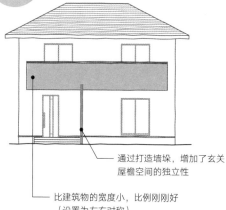

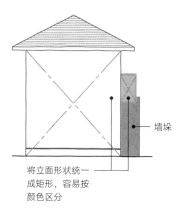

通过打造墙垛，增加了玄关
屋檐空间的独立性

比建筑物的宽度小，比例刚刚好
（设置为左右对称）

墙垛

将立面形状统一
成矩形，容易按
颜色区分

主卧室

稍微离开点设置

阳台

墙垛

建筑物正面的空调配管显眼

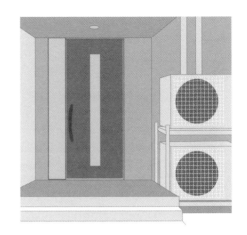

 二楼南面三个房间并排布置的"南面三室"。

 咦，竟然有这种叫法。

 窗户可以开得很大，面向道路，所以风景和日照都应该不错。外观也容易统一。

 布局图 A 用起来方便吗？主卧室里有壁橱，阳台也很宽敞，似乎没有问题。

 如果说要求的话，我想要一个衣帽间，不过壁橱很宽，也够用了。

 "南面三室"有什么要注意的问题吗？

 是啊，比如正中间的房间，窗户只能安装在一个方向（南侧），不易通风。

 也就是说，只能在南面安装空调配管啦？

 真的呢！玄关竟然有空调的配管和室外机，真是可惜了。怎么办才好呢？

布局图 A

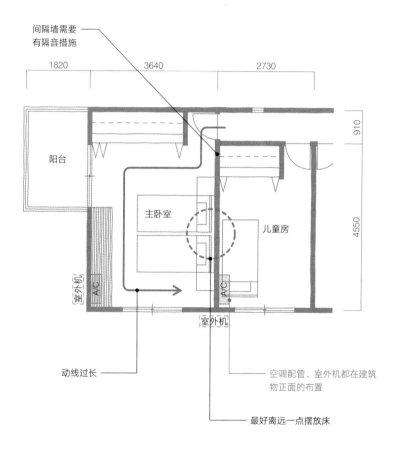

间隔墙需要
有隔音措施

1820　　　3640　　　2730

910

阳台

4550

主卧室

儿童房

室外机 A/C

A/C 室外机

动线过长

空调配管、室外机都在建筑
物正面的布置

最好离远一点摆放床

加到正面的立面图里确认

南面三室，是正面宽度大的住宅的一种基本布局思路，就像前面对话中所说的那样，夹在中间的房子通风效率低，主卧室和儿童房只有一墙之隔，声音也很容易传过去等，这些都应该注意。

一般主卧室的南侧配置阳台的居多，**布局图 A** 在西侧配置了阳台。具有屋顶形状简单等优点，但是会使人为儿童房的空调室外机的设置场所烦恼。在这个布局中，儿童房的下面是玄关，不做改动的话，在玄关旁边就能看见室外机和配管，很不美观。虽然也可以将配管藏在墙内，但是在这里，我们尝试通过布局来改善。除此之外，还存在主卧室与儿童房的床离得太近、主卧室里面的床离门口太远等问题。而且出现衣帽间诉求的可能性也会很高。

在**处方**中，首先通过在南侧配置阳台，使儿童房的室外机有了放置场所，配管也不再显眼，但要注意有人不喜欢睡觉时听见室外机的声音。使用凹形阳台，容易整合屋顶形状，即使突然下雨，衣物也不会被淋湿。跟原方案相比，正面宽度大，方便晾晒衣物。其次，将阳台所在的场所改成衣帽间，移动了主卧室的床。儿童房的床也做了移动，为了保护各自的隐私，间隔墙要使用有隔音效果的墙。

有时好不容易打造了漂亮的外观，却因为空调、通风扇的罩子、落水管的布置等，导致计划全都泡汤了。因此需要将这些全都加到立面图里进行确认。特别是设计拐角的地方时一定要慎重。

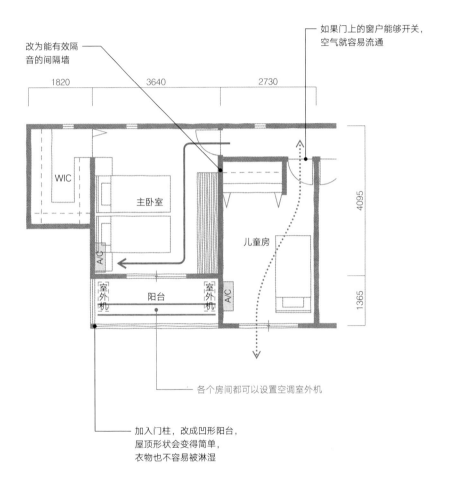

改为能有效隔音的间隔墙

如果门上的窗户能够开关，空气就容易流通

1820　　3640　　2730

WIC

主卧室

儿童房

4095

A/C

室外机　阳台　室外机　A/C

1365

各个房间都可以设置空调室外机

加入门柱，改成凹形阳台，屋顶形状会变得简单，衣物也不容易被淋湿

主题
收纳充实、构思巧妙的家

① 有通过衣帽间的动线固然不错，但是放置书架的地方缩小，因此需要研究一下是好是坏

② 写有搁板的规划，需要研究一下门的位置是否合适

③ 12级台阶的踏面高度过高，上下楼梯很困难。最好用13级（推荐14级）规划

④ 床头不要对着落地窗。需要有应对下降气流的对策

⑤ 除了冰箱以外，剩下的地方难以另作他用

⑥ 门朝着楼梯口开敞，很危险。研究一下开关空间小也能使用的门（折叠门）

⑦ 动线增加，很方便，但是能使用的墙面减少，没有收纳场所

⑧ 沙发前面是收纳门，没有地方放电视机。墙面上排列着不同种类和高度的门（平开门、折叠门、推拉门），很难看

⑨ 洗脸室的动线增加，导致收纳量减少。统一各种门的位置，能提高收纳效率

⑩ 平开门开向宽敞的地方（起居室方向），用起来更方便

使用面积	117.66 m²
一楼面积	63.84 m²
二楼面积	53.82 m²

后　序

临近周末，收到很多传单，看到传单上的空间布局时，我不禁会想："为什么有这么多从玄关可以看到厕所的布局呢？"这就是我执笔撰写本书的出发点。

即便是因为空间狭窄，按照优先顺序排列的，或者是因客户强烈要求才在玄关配置厕所的，也不应该从玄关就能看见厕所门，为什么还会出现这种情况呢？

样板房、分块出售的土地的参考方案，没有客户提意见，而且空间面积很大，本可以自由设计，尽管如此，还是经常看到留有部分遗憾的提案。如玄关对面是厕所门、没有收纳的洗脸室，以及被和室与餐厅夹在中间，昏暗且不得安宁的起居室等。厨房和浴室等用水空间的设备式样、壁纸的颜色等容易更换，但是需要改变间隔墙等的装修是很难实现的，因此最初的布局和建筑物的布置计划尤为重要。然而为什么会有这种布局，而且还作为样板房的方案刊登出来呢？

其根本原因在于设计师（≠建筑师）的水平。据房地产公司说，布局大致是由房屋负责人和业主决定的，负责人只要求建筑师申请许可证及检查相关法规和构造，不会论及布局的好坏。这些房地产行业的组织机构好像也存在很多问题。到底是谁，在哪个阶段保证设计（布局）品质呢？越想越让人不安。

本书列举了大量的有缺憾的布局的问题点，原本是打算只写出缺点的，但是在反复论证之后，就变成了展示改造方案，而且是在不改变根本布局的前提下，这是一种"只取出有缺憾的地方，改造完后再放回去"的高难度的策划。执笔之际可谓是煞费苦心，但最终我可以骄傲地说，本书无论是对打算建新住宅的人来说，还是对想要重新做局部装修的人来说，都开卷有益。

最后，我谨向一般法人社团日本建筑协会及该协会出版委员会的各位深表感谢。承蒙株式会社学艺出版社编辑部的岩崎健一郎的支持，从策划、编辑到出版，都给予我莫大的帮助。此外，也向在执笔之际，协助过我的两位布局女子——雪子和泽子，以及其他所有人由衷地表示感谢！

堀野和人

作者简介

堀野和人

一级建筑师事务所居住主义代表。曾担任建筑公司、房地产公司的设计师。一级建筑师、一级建筑施工管理技师。著作有《图解住宅尺寸与格局设计》（中文版由华中科技大学出版社出版）。

小山幸子

插画家、一级建筑师。在从事与建筑相关的实务的同时，绘制了大量的关于住宅的插图。